DE

LA BETTERAVE

A SUCRE

GÉNÉRALITÉS SUR LA CULTURE
INFLUENCE DE LA GRAINE, DE L'ÉCARTEMENT, DES ENGRAIS, ETC.
QUANTITÉS DE MATIÈRES SALINES ENLEVÉES AU SOL
ACTION DES MATIÈRES SALINES
SUR LA CRISTALLISATION DU SUCRE, ETC.
ESSAI DES BETTERAVES
RELATIONS ENTRE LA CANNE ET LA BETTERAVE

PAR

MM. P. CHAMPION ET H. PELLET

PARIS

LIBRAIRIE CENTRALE DES ARTS ET MANUFACTURES

AUG. LEMOINE, ÉDITEUR

15, QUAI MALAQUAIS, 15

1876

DE
LA BETTERAVE
A SUCRE

PARIS. — TYPOGRAPHIE A. HENNUYER, RUE D'ARCET, 7.

DE

LA BETTERAVE

A SUCRE

GÉNÉRALITÉS SUR LA CULTURE
INFLUENCE DE LA GRAINE, DE L'ÉCARTEMENT, DES ENGRAIS, ETC.
QUANTITÉS DE MATIÈRES SALINES ENLEVÉES AU SOL
ACTION DES MATIÈRES SALINES
SUR LA CRISTALLISATION DU SUCRE, ETC.
ESSAI DES BETTERAVES
RELATIONS ENTRE LA CANNE ET LA BETTERAVE

PAR

MM. P. CHAMPION ET H. PELLET

PARIS

LIBRAIRIE CENTRALE DES ARTS ET MANUFACTURES

AUG. LEMOINE, ÉDITEUR

15, QUAI MALAQUAIS, 15

—

1876

CULTURE DE LA BETTERAVE

PREMIÈRE PARTIE

I. INFLUENCE DES MATIÈRES SALINES DANS LA CULTURE EN GÉNÉRAL.

Priestley découvrit le premier « que la végétation d'une plante devient plus vigoureuse dans un air putride et incapable d'entretenir la vie d'un animal ; et qu'une plante enfermée dans un vase plein d'air devenu malsain par la flamme d'une chandelle, rend de nouveau à cet air sa pureté primitive (1). »

Igen-Housz reconnut plus tard que les végétaux avaient la propriété d'améliorer l'air, lorsqu'ils sont exposés à l'action du soleil, et de le corrompre pendant la nuit.

En 1792-93-94, d'après Smith et de Villèle (*Annales de l'agriculture française*, t. IV, p. 68) (2), on remarqua que le plâtre agit favorablement sur le sainfoin, le trèfle, etc.

Chaptal indique que les substances salines sont nécessaires à l'organisation des plantes, mais il pense cependant que des végétaux peuvent être nourris par de l'eau.

Dans son traité intitulé *Eléments de chimie* (p. 19, t. III), on lit : « S'il était vrai que la plante ne fît qu'extraire ses principes du sein de la terre, les plantes qui croîtraient sur le même sol auraient les mêmes principes, du moins auraient la plus grande analogie. »

Duhamel, dans les *Mémoires de l'Académie* de 1748, publia « qu'il avait élevé un chêne dans l'eau depuis huit ans ; que les deux premières années la végétation avait été plus forte que dans la meilleure terre, mais que cette végétation allait déclinant chaque année, malgré qu'il poussât de belles feuilles tous les printemps. »

(1) Jean Igen-Housz, *Expériences sur les végétaux*, Paris, 1780. Préface.
(2) Boussingault, *Economie rurale*, p. 55.

Chaptal dit encore : « Plus l'eau est pure, plus elle est salutaire à la plante, » et il cite à l'appui de cette opinion des expériences de Thouvenel et Cornette, d'où il résulte que des sels introduits dans de l'eau ayant servi à arroser des plantes, n'ont pas été absorbés par celles-ci. Cependant Chaptal fait une exception en faveur des plantes marines, « parce que le sel marin dont elles ont besoin se décompose dans elles, et produit un principe qui leur est nécessaire, puisqu'elles languissent ailleurs. »

Grosse, Duhamel, Margraaf, Rouelle, ont trouvé des alcalis dans les végétaux, Scheele du manganèse, Darcet de la magnésie.

Chaptal (1), à propos de la présence des sels dans les plantes, dit : « Il paraît que les divers sels sont le produit de la végétation et le résultat de l'organisation du végétal. Deux plantes qui croissent dans le même terrain donnent des sels très-différents et chaque plante fournit constamment la même espèce. » Homberg, en 1769 (*Mémoires de l'Académie*), a constaté l'existence des mêmes sels dans des plantes venues, les unes sur un terrain normal, les autres sur le même terrain, mais lessivé et arrosé avec de l'eau distillée. « On doit donc, » continue Chaptal en citant ce fait, « classer les sels parmi les principes des végétaux et ne plus les regarder comme contenus accidentellement dans les plantes. »

Le même auteur (p. 25, t. III) pense que le gaz nitrogène (azote) doit faciliter le développement des plantes, et il définit ainsi l'action du fumier : « Le fumier, qu'on mêle avec les terres et qui s'y décompose, outre qu'il fournit les principes alimentaires dont nous venons de parler, favorise encore l'accroissement de la plante par la chaleur constante et soutenue que produit sa décomposition ultérieure. »

Thénard (édit. de 1815, t. III, p. 23) dit à propos des engrais : « Les engrais ne contribuent pas seulement à la végétation par le gaz carbonique qu'ils laissent dégager et qui provient soit de la réaction de leurs éléments, soit de la combustion lente de leur carbone par l'oxygène de l'air ; ils y contribuent encore en fournissant aux plantes des sucs qu'elles peuvent s'assimiler ; car on sait que les récoltes appauvrissent plus ou moins le sol en raison de leur nature. »

(1) *Éléments de chimie*, p. 171, t. III.

— 3 —

Th. de Saussure, d'après divers essais sur le poids des plantes
pendant la végétation, comparé à la quantité d'extrait sec de la
terre sur laquelle il les cultivait, dit que « les végétaux tirent la
majeure partie de leur matière nutritive de l'eau, du gaz carbonique et de l'air. »

De Saussure admettait que les végétaux absorbent la plupart
des sels mis en présence de leurs racines, et que les plantes marines contiennent de la soude, parce que la mer renferme du
sodium, tandis que les plantes terrestres absorbent de la potasse
que la terre arable contient en général en notable quantité.

L'analyse avait aussi révélé dans les cendres de végétaux la
présence de l'acide phosphorique, du chlore, de la silice, des
oxydes métalliques, etc.; et d'après Thénard, de Saussure attri-
buait ce fait à la solubilité de certains sels dans l'extrait du terreau.

Divers savants ont montré depuis, que le phosphate et le carbonate de chaux sont rendus assimilables par suite de la formation
d'acide carbonique provenant de la décomposition des matières
organiques.

A propos de l'emploi des sels minéraux comme engrais, M. Boussingault (*Economie rurale*, p. 75), après avoir cité les expériences
de M. Barclay, ajoute : « Il n'en resterait pas moins établi par cette
expérience que le nitrate de soude augmente la production de la
matière organique végétale,» et page : 77 « Il résulte de l'ensemble
de ces observations qu'une matière, pour fertiliser les terres, doit
renfermer tous les principes organiques et minéraux nécessaires à
la constitution des plantes. »

Liebig admettait qu'il suffit d'employer comme engrais les cendres du fumier. Ce savant avait établi une fabrication d'engrais
(*Patent Dunger*) préparés suivant les cultures auxquelles ils étaient
destinés ; pensant que la potasse et l'acide phosphorique sous forme
soluble seraient facilement entraînés par les pluies, il employait
ces éléments à l'état insoluble, erreur qu'il reconnut ultérieure-
ment après les travaux de Way (1).

D'après M. I. Pierre (*Chimie agricole*, p. 420), « il ne faut jamais

(1) Voir *les Travaux de Liebig au point de vue de l'agriculture*, par le pro-
fesseur Stohmann (*Moniteur scientifique* du docteur Quesneville, p. 287, n° 599,
mars 1875).

perdre de vue que les sels ammoniacaux et les nitrates, ne contenant pas tous les éléments constitutifs des plantes, ne pourraient être employés seuls pendant longtemps de suite sans inconvénient; on ne doit les considérer que comme engrais complémentaires. »

M. I. Pierre et d'autres agriculteurs avaient reconnu l'utilité des sels ammoniacaux dans la plupart des cas, et des nitrates de potasse et de soude appliqués à différentes cultures.

« Rien ne saurait suppléer (I. Pierre, *Chimie agricole*, p. 201) à ces matières (engrais), ni l'ameublissement, ni l'excellence du climat, qui sont cependant, comme nous le savons, de si utiles auxiliaires de la végétation ; » et plus loin : « Nous désignerons, en général, sous le nom d'*engrais*, toutes les substances dont le cultivateur dispose pour réparer, conserver ou augmenter la fertilité du sol, quelle que soit d'ailleurs la nature de ces substances, pourvu que les plantes puissent y trouver des principes assimilables. Ainsi, pour nous, le plâtre, les cendres méritent aussi bien le nom d'engrais que le fumier de cheval, le sang ou l'urine; tous concourent au but qu'on se propose, qui est d'accroître la production végétale.»

D'après M. Lecouteux, *Des principes de la culture améliorante*, p. 186, « en si haute opinion qu'on tienne le fumier, ce n'est pas à prétendre qu'il soit constamment en mesure de répondre à tous les besoins des récoltes; il y a des situations spéciales où les sols et les fumiers manquent de certains éléments utiles, et ces éléments, on les trouve parfois à prix convenable dans les engrais du commerce. »

Et page 196 : « Dans certains pays on incinère les ramilles, dont les cendres produisent un effet excellent; on sait aussi l'emploi fait des charrées (1) comme addition au fumier. »

Le même auteur cite encore comme engrais alcalins le sel marin, le nitrate de soude et de potasse, la potasse commerciale.

De Gasparin dit à propos des engrais alcalins : « Les alcalis minéraux, la soude et la potasse entrent toujours dans la composition des végétaux, et les petites quantités de ces substances que renferment beaucoup de terres, la difficulté que l'on entrevoit à ce

____

(1) Les charrées renferment 2 pour 100 de sels alcalins, suivant MM. H. Moride et A. Bobierre.

qu'elles se renouvellent dans le sol, font aisément comprendre qu'elles sont au nombre des suppléments les plus utiles que l'on puisse fournir au sol. »

D'après le *Dictionnaire* de M. Wurtz, p. 443, « on trouve de même des différences très-notables dans les compositions des cendres des plantes terrestres développées sur le même terrain; il faut encore admettre que ces plantes ont en quelque sorte choisi dans le sol les éléments qui leur conviennent. »

II. INFLUENCE DES MATIÈRES SALINES DANS LA CULTURE DE LA BETTERAVE EN PARTICULIER.

« Il est à supposer, dit Walkhoff (p. 36, t. I, édit. 1870), que certaines substances données ci-dessus comme essentielles [matières minérales indiquées par l'analyse de betteraves (feuilles et racines)] pourraient être avantageusement remplacées par d'autres matières analogues, la potasse par la soude, la chaux par la magnésie. »

Et page 38 du même ouvrage : « Tous les essais de culture semblent en effet prouver qu'une grande partie des engrais agit beaucoup plus sur le rendement des feuilles que sur celui des racines (betteraves). »

Page 40, d'après des expériences de Lawes et Gilbert (sans indication de la richesse saccharine des betteraves obtenues), « la betterave desséchée contient en azote :

« 1,50 pour 100, après un engrais minéral;

« 1,91 pour 100, après une fumure composée de matières minérales et de tourteaux;

« 2,86 pour 100, après une fumure composée de matières minérales et de sels ammoniacaux. »

Page 41 : « Tant que les progrès de la chimie industrielle n'auront pas amené ce résultat (élimination des matières azotées), le cultivateur n'aura d'autres ressources pour diminuer la production des matières azotées, que de choisir de bons engrais, pauvres en azote. Aussi, bien qu'une addition d'azote dans le sol augmente le rendement en poids des récoltes de betteraves, il faut, dans l'intérêt de la fabrication du sucre, n'user de ce moyen qu'avec réserve. »

Plus loin : « Différentes sortes d'engrais sont plus ou moins favorables à la production de ces matières fermentescibles (matières azotées) dans les plantes ; ainsi les excréments urinaires en fournissent beaucoup, les fumiers d'étable moins, les tourteaux encore moins. »

Page 42 : « La pratique et la théorie sont partout d'accord en ce qui concerne l'action et la valeur des engrais, pour poser les principes suivants applicables à tous les modes de fumure : « 1° la fumure augmente le rendement en quantité des récoltes ; mais 2° les plus fortes fumures ne correspondent pas aux productions maxima ; et 3° pour chaque sol il convient de chercher expérimentalement la quantité d'engrais nécessaire d'après sa constitution, et de ne pas dépasser cette dose. »

Page 45 : « Ainsi la potasse, par exemple, ne doit pas être employée à l'état de chlorure ou d'azotate, mais sous forme de carbonate ou de phosphate (1). »

Après ces diverses réflexions sur la nature des engrais, Walkhoff ajoute : 1° « que le guano a d'autant plus de valeur qu'il contient plus de combinaison ammoniacale ; 2° qu'une fabrique de Bohême emploie peut-être la plus grande quantité de tourteaux à la culture de ses betteraves et qu'elle s'en trouve bien (2) ; 3° enfin que par hectare il faut ajouter en moyenne 87 kilogrammes de potasse, 20 kilogrammes de soude, 9^k,4 de magnésie, 50^k,8 d'azote, etc. »

Stammer dit (*Traité de la fabrication du sucre*, édit. 1869, p. 5) : « De la qualité de l'engrais dépend la qualité de la betterave ; la proportion entre la quantité de sucre et celle des substances étrangères contenues dans le jus est en raison de la valeur de l'engrais employé. »

Page 8 du même ouvrage : « L'influence de certains engrais sur la betterave et sur la composition des racines est généralement

(1) Cependant, d'après une note additionnelle des traducteurs, MM. Mérijot et J. Gay-Lussac, édition 1874, on peut employer utilement comme engrais la vinasse concentrée. On sait cependant que la vinasse renferme de notables quantités de chlorure et de nitrate de potasse.　　　　P. C. et H. P.

(2) Les tourteaux renferment 20.8 pour 100 de matières azotées, et 8.8 pour 100 de cendres, d'après une analyse indiquée par Walkhoff.

admise. Ce sont surtout les combinaisons azotées et la richesse des betteraves qu'on admet être augmentées par certains engrais »; et plus loin : « On admet assez généralement que la richesse saccharine des betteraves est en raison inverse de l'abondance des récoltes. »

D'après la brochure de MM. Coignet (1873, p. 14) : « L'engrais A convient à toutes les cultures et notamment aux betteraves à sucre, dans lesquelles il n'introduit aucun sel soluble, nuisible soit à leur richesse, soit à la cristallisation du sucre qui en provient. »

Analyse de l'engrais Coignet A.

Azote assimilable.	7
Phosphate des os.	50
Matières animales torréfiées.	50
Humidité, etc..	15
	100

Annuaire de l'agence centrale des cultivateurs, de M. A. Dudouy, 1874, p. 14 : « La culture des plantes industrielles, par exemple, celle de la betterave à sucre, exige une action immédiate, puissante, assez rapide pour que la racine qui naît en avril ou en mai arrive à son développement maximum en octobre et aussi à son summum de richesse. Le fumier seul ne permettrait pas d'atteindre ce double résultat. Pour ce motif encore, il faut appeler à son aide des matières plus actives. Ces matières, que sont-elles ?»

M. Dudouy cite divers produits chimiques (nitrates de soude et de potasse, chlorure de potassium, sulfate d'ammoniaque, etc.). Il indique ensuite plusieurs formules d'engrais pour la betterave (p. 55) d'après l'opinion de M. Georges Ville :

Chlorure de potassium.	400 kilog.
Sulfate d'ammoniaque..	400
Nitrate de soude..	200
Sulfate de chaux..	160
Par hectare.	1 160 kilog.

Dans une conférence à Bruxelles, M. Georges Ville disait : « La nature de l'engrais, le rapport réciproque des éléments qui le composent, le degré de solubilité, ont une influence considérable à la fois sur le rendement des récoltes et sur la richesse saccharine des betteraves ; des betteraves cultivées sur fumier ont donné 9 pour 100 de sucre, d'autres sur engrais chimiques (même terrain) ont eu 13,7 pour 100 de sucre (1). » Il conseille définitivement la formule suivante, par hectare :

Superphosphate de chaux	400 kilog. (2).
Chlorure de potassium	200
Sulfate d'ammoniaque	200
Nitrate de soude	300
Sulfate de chaux	200

D'après ses expériences, en cultivant des betteraves sur des terrains quelconques, et parallèlement avec diverses formules d'engrais chimiques, lorsque les betteraves titrent :

20 pour 100 de sucre, elles renferment (pour 100 grammes de sucre)				2g,8 de sels.
15	—	—	—	3 ,6
10	—	—	—	5 ,1
5	—	—	—	10

M. Louis Avril dit à propos des engrais de M. Georges Ville : « La France doit avoir hâte de s'approprier dans les limites du possible l'usage des engrais chimiques, afin d'être en situation de pourvoir à ses propres besoins et de ne pas être devancée par les autres nations. » (Schattemann.)

M. Riffard (*Journal des fabricants de sucre*, 1er janvier 1874, n° 38), dans des essais avec engrais chimiques, a obtenu à l'hectare 40 000 kilogrammes de racines, contenant 512 kilogrammes de cendres, dont 257 kilogrammes de potasse et 43 kilogrammes de soude ; tandis que M. Boussingault n'indique pour une même récolte que 135 kilogrammes de potasse et 20 kilogrammes de soude exportés.

M. Riffard ajoute que la teneur moyenne en sucre de betteraves a été de 10,35 ; mais il n'indique pas le poids des cendres des feuilles, et, dans l'analyse de M. Boussingault, il n'est pas question de la richesse saccharine. Il est donc difficile de comparer ces résultats, comme nous le verrons plus loin.

Dans un autre article (19 février 1874), M. Riffard, en parlant du choix des porte-graines, en dehors de la question de terrain et

(1) *Journal des fabricants de sucre*, 5 février 1874.
(2) Porté en 1875 à 600 kilogrammes.

d'engrais, constate que les petites betteraves sont, en général, riches en sucre et pauvres en sels, et que le rendement en poids des grosses betteraves peut être plus faible que celui des racines de petites dimensions.

M. Corenwinder (*Journal des fabricants de sucre* 5 février 1874), en résumant une communication à la Société industrielle de Lille, dit que des betteraves fumées avec du nitrate de soude ne contenaient pas plus de cendres que celles cultivées en présence du sulfate d'ammoniaque, et qu'un engrais composé de :

```
Chlorure de potassium. . . . . . . .   200 kilog.
Phosphate de chaux.. . . . . . . . .   500
Sulfate d'ammoniaque.. . . . . . . .   500
        Par hectare.
```

a donné des betteraves dont le jus était identique comme composition à celui des betteraves fumées avec :

```
Azotate de soude. . . . . . . . .   400 kilog.
Nitrate de potasse.. . . . . . . .   200
Superphosphate de chaux. . . . .   400
Plâtre. . . . . . . . . . . . . .   300
```

D'après le même auteur (*Séance de la section d'agronomie de l'Association des sciences, Journal des fabricants de sucre*, 17 septembre 1874), les salins de betteraves de l'Aisne sont riches en potasse et pauvres en soude, tandis que ceux du Nord et du Pas-de-Calais sont riches en soude, pauvres en potasse ; et il est utile de mettre dans un terrain stérile, de l'azote, du phospore, de la potasse, de la chaux, etc., un seul de ces éléments employés à haute dose ne pouvant avoir aucune utilité (1).

D'après M. Corenwinder (2), le nitrate de soude peut agir plus efficacement, à même dose d'azote, que le sulfate d'ammoniaque, par suite de sa plus grande fixité.

---

(1) On a récemment constaté que des terres qui n'avaient reçu, comme engrais, que des tourteaux et du fumier pour la culture de la betterave, et qui par conséquent contenaient une grande proportion d'azote, donnaient ensuite des blés qui se développaient rapidement, mais dont les tiges étaient grêles, les grains peu nombreux, et qui versaient fréquemment. Ce fait doit être attribué, selon nous, à l'absence de l'acide phosphorique et de la potasse en quantité suffisante.

P. C. et H. P.

(2) *Journal des fabricants de sucre*, 11 juin 1874.

Des quantités relativement faibles de substances salines (nitrates de soude et de potasse, sulfate d'ammoniaque, etc.) exercent sur un terrain pauvre, une action favorable en donnant des rendements et une richesse saccharine supérieurs.

Des betteraves cultivées avec :

Nitrate de soude.. . . . . 600 kilog.
Sulfate d'ammoniaque. 500
Par hectare.

ou :

Sulfate d'ammoniaque. . . . . . . 500 kilog.
Phosphate de chaux. 150
Sulfate de potasse. 60

ne contenaient pas sensiblement plus de sels pour 100 grammes de sucre, que les betteraves venues sur un terrain sans engrais ; le chlorure de potassium employé à la dose de près de 200 kilogrammes à l'hectare a augmenté le rendement en poids ainsi que la richesse saccharine.

M. Corenwinder ajoute qu'il faudra probablement modifier l'opinion généralement admise, qui tend à proscrire l'emploi du chlorure de potassium dans la culture de la betterave.

D'après M. Pagnoul (*Essais à la station agricole du Pas-de-Calais*, 1871) :

1° Le rapprochement seul des betteraves suffit pour élever la proportion de sucre et diminuer le poids des cendres pour 100 grammes de sucre, sans affaiblir le rendement total à l'hectare et sans épuiser davantage le sol,

2° La quantité de carbonate de potasse (et par suite de sels organiques et de nitrates) est d'autant plus grande que la richesse en sucre est plus faible,

3° Des betteraves venues sur un terrain sans engrais renfermaient pour 100 13^g,9 de sucre, tandis que d'autres venues sur fumier n'en contenaient que 7.1 pour 100.

4° Un engrais chimique complet a été le plus favorable sous le rapport du poids total à l'hectare et de la richesse.

5° Le nitrate de soude employé à la dose de 800 kilogrammes par hectare a fourni des betteraves à 13.2 pour 100 de sucre (100 grammes de sucre = 4.2 de cendres), et les cendres avaient la même teneur en alcalis que celles de betteraves cultivées sur fumier, « ce qui exclut, » dit M. Pagnoul, « la possibilité d'admettre dans les tissus de la plante l'existence d'une quantité sensible de nitrate de soude » (1).

M. Pagnoul a démontré qu'à l'aide d'engrais chimiques on peut obtenir pendant plusieurs années consécutives, sur le même sol, un rendement élevé en betteraves (*Sucrerie indigène*, p. 335, 20 mars 1875). « Les parcelles 4 et 6 sont destinées à rechercher l'influence de l'épuisement du sol et à reconnaître si l'emploi des engrais chimiques peut empêcher cet épuisement et maintenir au sol sa fertilité. Ces parcelles, depuis cinq ans, n'ont porté que des betteraves, la première avec engrais chimiques, la seconde sans aucun engrais. La première se maintient ; la betterave y est bonne et le rendement y a été encore cette année de 55 000 kilogrammes ; sur la seconde, la betterave devient de plus en plus petite ; son poids moyen s'est abaissé cette année à 236 grammes ; mais, comme les distances ont été maintenues à 33 centimètres sur 25, le rendement s'est encore élevé à 36 000 kilogrammes. »

Liebig avait admis que la « fertilité du sol se maintient intacte quand tous les éléments enlevés par la récolte lui sont de nouveau rendus. »

De 1843 à 1850, Lawes et Gilbert avaient déjà fait de nombreux essais de culture de la betterave sur des terrains avec et sans addition de fumier, et ils avaient obtenu les résultats suivants :

Rendement en betteraves par hectare.

	Sans engrais.	Avec phosphate de chaux.	Phosphate de soude, chaux, potasse, chlorure de sodium, magnésie.
En 1843, ...	10 490ᵏ	30 502ᵏ	29 741ᵏ
1844.	5 541	19 380	14 244
1845.	1 707	31 773	31 630
1846, ...		4 758	8 791
1847.		18 903	14 527
1848.	Nulle.	26 433	24 357
1849.		9 392	9 214
1850.		28 678	35 463
1851.		20 603	19 483
		190 422	

(Walkhoff, éd. 1874, p. 51.)

(1) *Journal des fabricants de sucre*, n° 46, mars 1875.

Il paraît résulter de ces essais que le sol renfermait une quantité considérable d'alcalis, puisque l'acide phosphorique et la chaux seuls produisaient autant d'effet qu'additionnés de potasse, de soude et de magnésie.

Le carbone provenait sans doute pour la plus grande quantité de l'acide carbonique de l'air (190 422 kilogrammes de betteraves correspondent environ à 10 000 kilogrammes de carbone).

M. Leloup, fabricant de sucre à Arras, a conclu d'essais très-variés que le jus le plus riche renfermait le moins de sels, rapportés à 100 grammes de sucre, et que plus le jus était dense, plus grande était la richesse en sucre.

Le nitrate de soude employé à la dose de 400 kilogrammes par hectare n'a pas donné d'augmentation dans le poids des cendres.

Les tourteaux, à la dose de 400 à 500 kilogrammes par hectare, fournissent des betteraves riches.

D'après M. A. Derome (de Bavai), l'influence des engrais est très-variable ; avec une dépense de 504 kilogrammes de nitrate de potasse par hectare, il a obtenu 58 968 kilogrammes de betteraves.

Avec 1120 francs de fumier.	55 250 kilog.
Sans engrais.	30 188
Tourteaux de colza, valeur 500 francs..	48 625
Défécation de sucrerie, valeur 530 francs.	47 150

M. Corenwinder pense que l'emploi de sels ammoniacaux peut être restreint, attendu que par leur facile décomposition ils ne fournissent pas toujours des récoltes proportionnelles à la même quantité d'azote mise sous forme de nitrate de potasse.

Suivant la nature du terrain, la réaction entre les sels ammoniacaux et les éléments du sol serait différente, l'ammoniaque se dégageant sous des formes diverses avec plus ou moins de rapidité. De plus, ces sels peuvent présenter le même inconvénient que le guano, c'est-à-dire *brûler les plantes*, surtout si on les répand sur la terre à l'époque de l'ensemencement.

D'après M. Dubrunfaut (p. 20, t. I, *le Sucre*), on ne peut pas admettre sans examen l'emploi des nitrates comme engrais et la potasse pure serait sans influence sur la terre.

M. Dubrunfaut dit aussi que le nitre *enchaîne* le sucre à l'état de mélasse (p. 39, *l'Osmose*), et il admet que ce sel est absorbé directement par les plantes. Cependant le même auteur dit (*le Sucre*, p. 15) : « Le résidu mélasse, fort riche en sels que l'on considère à juste titre comme engrais chimiques... » et d'après M. Dubrunfaut la mélasse contient par 100 kilogrammes, environ 4 kilogrammes de nitre et 5 kilogrammes de chlorure de potassium.

M. Vivien (*Sucrerie indigène*, 5 mai 1873) conseille l'emploi direct de la mélasse comme engrais.

« Mais la mélasse employée ainsi en nature donnerait lieu à un transport et à un épandage dispendieux. Aussi M. Vivien conseille-t-il d'en former un engrais pulvérulent en la malaxant intimement avec de la chaux préalablement réduite en poudre par une immersion rapide dans l'eau et une extinction à l'air, dans la proportion en poids de 2 de mélasse pour 1 de chaux. L'on obtient ainsi un composé sous forme de grains parfaitement secs qu'on peut ensacher, transporter et répandre avec le semoir. Cet engrais contient à la fois des éléments assimilables par les plantes et d'autres lentement assimilables, qui forment un fonds de fumure ; il offre donc les caractères d'un très-bon engrais, et son emploi ne peut être qu'avantageux à la culture et à la sucrerie, qui pourra trouver là un débouché illimité pour un résidu encombrant dont elle est quelquefois forcée de se débarrasser à tout prix. »

M. Basset a calculé que 45 000 kilogrammes de betteraves absorbent 649^k,35 de potasse et 99^k,9 de soude, soit un total de 749^k,25 d'alcalis (1), et comme 50 000 kilogrammes de fumier n'en renferment en moyenne que 260 kilogrammes, M. Basset ajoute : « On voit que le fumier ne saurait produire un grand excès de sels alcalins, en sorte que ce n'est pas cela que nous redoutons le moins du monde dans l'emploi des engrais. »

Il semble résulter de là pour M. Basset qu'on peut ajouter comme alcalis au moins 260 kilogrammes de potasse et de soude, et cependant (p. 200) « la raison seule suffirait, à défaut d'expé-

(1) *Guide pratique du fabricant de sucre*, p. 200, t. 1.

riehée, pour recommander d'éviter la présence et surtout l'addition dès sels alcalins. »

En résumé, d'après l'opinion d'un certain nombre d'expérimentateurs, on peut employer dans la culture de la betterave les nitrates de potasse et de soude, les sels ammoniacaux et le chlorure de potassium.

DEUXIÈME PARTIE

INFLUENCE DES SELS DANS LA FABRICATION DU SUCRE.

De l'Osmose. — M. Dubrunfaut, dans son traité sur l'osmose, dit (p. 4) : « Il faut se hâter de l'appliquer (l'osmose), afin de débarrasser le sucre cristallisable des compagnons dangereux (sels) qui, dans le travail actuel, contribuent à altérer ce sucre et à le rendre impur à toutes les périodes du travail ; » et par suite, pour apprécier le travail osmotique, l'auteur ne compare, dans les produits, que la différence entre les proportions de sels pour 100 grammes de sucre, sans s'occuper des matières organiques.

Cependant (p. 20 du même ouvrage), à propos des eaux d'exosmose, M. Dubrunfaut ajoute que « ces eaux, soumises à la concentration, fournissent par cristallisation du nitrate de potasse et du chlorure de potassium. Elles renferment en outre des sels organiques mal définis, à base de potasse, qui paraissent incristallisables et qui restent mêlés au sucre sous forme de mélasse. »

Il résulte d'analyses que nous indiquerons plus loin, que dans les sirops soumis pendant un certain temps à l'action de l'osmose, le rapport entre les sels et les matières organiques contenues dans les sirops est le même que dans les eaux d'exosmose. Il y a donc élimination d'une partie des substances organiques et des sels, et c'est à ce double fait qu'on doit attribuer la cristallisation des sirops osmosés.

Dans la pratique, on a reconnu qu'il était nécessaire, dans certains cas, de déchauler les jus et sirops avant de les soumettre à l'osmose, et on obtient ce résultat à l'aide du carbonate de soude.

Nous ajouterons que la seule substitution de la soude à la chaux permet dans certains cas à des sirops incristallisables de fournir une abondante cristallisation.

M. Dubrunfaut pense que « la mélasse d'osmose pourrait sans doute subir utilement l'épuration osmotique, car elle présente sensiblement à l'essai saccharimétrique la même composition saccharine et saline que la mélasse normale ; mais, comme les sels qu'elle renferme paraissent n'être que des sels organiques, moins favorables au travail d'osmose que les sels minéraux, il est probable qu'on limitera provisoirement l'épuration osmotique à l'élimination de la moitié des sels. » (P. 21, *l'Osmose*.)

Page 38 : « Les sels (dans la mélasse) sont de deux espèces, savoir : 1° des sels minéraux (muriate et nitrate), qui, étant très-diffusibles, se trouvent à ce titre en grande proportion dans les premières eaux d'exosmose ; 2° des sels végétaux, qui, étant moins diffusibles, sortent en proportion différente à toutes les époques de l'analyse osmotique. »

MM. Leplay et Cuisinier, dans un article sur l'application de l'osmose aux sirops d'égout de premier et de deuxième jet, disent : « L'osmose appliquée aux sirops d'égout de premier et deuxième jet a pour effet, comme pour la mélasse, d'éliminer de ces produits une certaine quantité de sels de potasse et de soude à acides minéraux et organiques. » (*Sucrerie indigène*, 5 octobre 1874.)

D'après M. Dubrunfaut (p. 168, *l'Osmose*) « dans le plus grand nombre de circonstances, ce produit est identique de composition en sucre et en sels avec la mélasse normale. »

Dans le procès de MM. Fiévet contre M. Lefèvre de Cor-beheim, « deux expertises ont été faites à cette occasion et elles ont donné les mêmes résultats aux mains de savants différents : MM. Corenwinder, Violette, Durin, etc. Nous avons cru pendant longtemps à l'inégale diffusibilité des sels minéraux et végétaux des mélasses, et nous avions ainsi expliqué les effets utiles de l'analyse osmotique appliquée au produit des sucreries ; c'était là sans doute une erreur que paraît avoir démontrée l'analyse inédite des savants experts susnommés, analyse qui a été justifiée par nos études et nos observations ultérieures.

« L'erreur en question a été provoquée par la perturbation introduite dans l'analyse osmotique par le défaut de diffusibilité des sels de chaux, qui, en se concentrant dans les sirops osmosés, en relèvent les titres alcalins. »

Il y a lieu cependant d'admettre que le rapport entre les sels est modifié par suite de l'osmose, ainsi que le prouve l'exemple suivant :

Comparaison des salins.

	Salins d'exosmose.		Salins de mélasse osmosée.
	1 73.	1875.	1875.
Chlorure de potassium. . . .	29.81	34	14.2
Carbonate de potasse. . . .	46.83	44.5	62
— de soude.	14.36	16.6	13.6
Sulfate de potasse.	4.03	1.6	4.9
Insoluble.	4.97	4.3	5.3

Chlorure de potassium rapporté à 100 grammes des autres
  sels contenus dans le salin d'exosmose. 45
  —   d'osmose. 17
Salins ordinaires.. . . . . 27 à 30

Il résulte de la comparaison de ces chiffres que le chlorure de potassium est plus diffusible que les autres sels.

Rapport entre le carbonate de potasse et le carbonate de soude : salins d'exosmose $\frac{4.5}{1}$, salins d'osmose $\frac{3}{1}$.

La diffusibilité du carbonate de potasse serait donc supérieure à celle du carbonate de soude.

M. Corenwinder (*Journal des fabricants de sucre*, 2 juillet 1874) dit à la fin d'un rapport sur la culture des betteraves avec engrais chimiques, qu'on s'occupe beaucoup de l'action nuisible des chlorures sur la cristallisation du sucre et que, par suite, on cherche à en proscrire l'emploi, mais qu'on ne sait pas si les sels de potasse à acide organique ne nuisent pas davantage.

Avant d'aller plus loin, nous allons examiner l'action de l'osmose sur les produits de la sucrerie.

D'après les analyses de M. Ragot, une mélasse d'égout de troisième jet avait pour composition :

Sucre.	44.32
Cendres..	11.01
Matières organiques.	15.97
Eau..	28.70
	100.00

D'où :

Quotient de pureté (quantité de sucre rapportée à 100 grammes
d'extrait sec). 62.10 (1)
Quotient organique (matières organiques rapportées à
100 grammes de sucre. 56.03
Quotient salin (sels rapportés à 100 grammes de sucre). . . 24.84

Après osmose (à la température de 60 à 65 degrés), le liquide
renfermait :

Sucre. 22.55
Cendres. 3.55
Matières organiques.. . . . . . . 4.80
Eau. 69.10
____
100.00

D'où :

Quotient de pureté. 72.9
Matières organiques rapportées à 100 grammes de sucre. . 21.72
Sels rapportés à 100 grammes de sucre.. . . . . 15.74

Matières organiques éliminées, pour 100 grammes de sucre
$36^g, 03 - 21^g, 74 = 14^g, 29$, d'où $\dfrac{36^g, 03}{14^g, 29} = \dfrac{100}{x}$ $x = 39,7$.

En appliquant le même calcul aux sels, on trouve en résumé
qu'il y a eu par l'osmose élimination de 39.7 pour 100 des matières organiques et de 36 pour 100 des sels.

La masse cuite obtenue de la partie osmosée a donné $15^k,7$ de
sucre à l'hectolitre. Elle avait environ le même quotient de pureté
que les masses cuites de troisième jet.

D'après Walkhoff (p. 325, t. II), l'osmose a donné les résultats
suivants :

Température de l'osmose.	Sucre dans la mélasse osmosée relativement à la quantité primitive.	Matières organiques autres que le sucre.	Sels.
16 à 20 deg. c.	92 pour 100.	87.5 pour 100.	82.5 pour 100.
38 à 40	79.5	72.7	66.4
44 à 46	76.2	71.6	61.8
60 à 62	70.5	48.7	55.6

La mélasse primitive avait pour composition :

Eau. 18.0
Sucre. 54.5
Matières organiques.. . . . . 16.34
Cendres. 11.16

En rapprochant ces résultats de ceux obtenus par M. Ragot, on

(1) Voir plus loin la détermination du quotient de pureté.

trouve qu'à la température de 60-65 degrés, les sels sont sensiblement enlevés dans la même proportion que les matières organiques.

Dans la comparaison des analyses de produits osmosés il y a lieu de tenir compte de diverses causes qui modifient les résultats : 1° le degré de dilution des mélasses ; 2° le temps d'osmose ; 3° le degré de pureté de la mélasse travaillée ; 4° la nature des sels et des matières organiques ; 5° la température ; 6° la structure du papier employé.

On peut apprécier l'influence des matières organiques sur la cristallisation du sucre, par les résultats d'analyse suivants, qui sont dus à nos recherches personnelles :

1° Une masse cuite contenant, par rapport à 100 grammes de sucre, 13 grammes de matières organiques et 8.8 pour 100 de cendres, a rendu 44 à 45 kilogrammes de sucre pour 100 kilogrammes de masse cuite.

Une autre renfermant 6^k,8 de matières organiques, et 6.8 pour 100 de cendres, a rendu 53 à 54 kilogrammes de sucre pour 100 kilogrammes de masse cuite.

2°	Masses cuites ayant rendu environ 60 kilogrammes de sucre à l'hectolitre.		Masses cuites ayant rendu de 68 à 70 kilogrammes de sucre à l'hectolitre.
Eau.	5.8	7.90	6.2
Sucre..	83.3	81.00	77.0
Cendres..	4.3	5.50	5.5
Matières organiques.	6.6	5.60	11.3
	100.0	100.00	100.0
Quotient de pureté...	88.4	88.9	82

On voit que par le seul fait d'une augmentation dans la proportion des matièrs organiques, le rendement en sucre a notablement diminué.

Procédé Margueritte.

Le procédé des cuites acides de M. Margueritte a pour résultat de transformer en chlorures les bases qui sont contenues dans les sirops, à l'état libre et sous forme de sels organiques. Les acides proprement dits et les matières jouant le rôle d'acides sont déplacés ; il en résulte une augmentation de rendement qu'on doit attribuer à l'influence mélassigène différente des chlorures et des bases associées aux matières organiques ; la masse cuite augmente de fluidité et le titrage du sucre est plus élevé par suite de l'élimination facile des sels à la turbine.

	Analyses de masses cuites et sirops ordinaires.				Mêmes masses cuites et sirops traités par l'acide.			
	1	2	3	4	1	2	3	4
Eau	13.56	34.53	22.62	31.86	14.75	15.96	66.87	16.06
Sucre	59.00	43.90	47.40	44.80	59.00	56.20	21.13	58.20
Cendres	11.95	11.20	10.92	9.28	11.41	14.43	5 00	12.03
Mat. organiq. .	15.49	10.57	19.06	14.06	14.84	13.41	7.00	13.71
Azote pour 100.	1.315	0.869	»	1.027	1.33	1.127	»	»
Glucose.	»	0.10	»	»	»	»	»	»
Quot' de pureté.	68.30	66.80	62.00	65.70	69.20	66.90	»	69.30
— azoté. .	2.225	1.98	»	2.29	22.25	2.00	»	»
— salin. .	20.27	25.51	23.00	20.72	19.34	25.67	24.00	20.72
— organiq.	26.25	24.08	40.00	31.38	25.15	23.86	33.00	25.56
Densité à l'hectolitre. . . .	148k,60	134k,60	»	113k 50	147k,00	147k,20	»	148k,40
Quot' glucose. .	»	0.228	»	»	»	0.649	»	»

Dans la plupart des cas nous avons reconnu que la cuite acide n'augmente pas sensiblement le quotient de pureté des masses cuites ; mais il y a élimination d'une petite quantité d'acide butyrique et d'huiles essentielles, et la saveur du sucre est notablement améliorée.

Procédé Manoury.

Dans le procédé d'extraction du sucre des mélasses de M. Manoury, après avoir séparé la chaux à l'aide du carbonate de soude, on forme un sucrate de chaux qu'on lessive avec de l'alcool à 40 pour 100, environ. On peut constater par l'examen des analyses qui suivent, que le résultat de ce lessivage est analogue à celui qu'on obtient en osmosant les sirops.

Composition de la mélasse employée (*Sucrerie indigène*, 20 août 1874) :

Eau	13.58
Sucre	53.50
Cendres.	12.96
Inconnu.	19.96
	100.00

Quotient de pureté. 61.9
100 grammes de sucre renferment : sels. . . . . 24.2 pour 100.
— — mat. organ. . . 37.3 pour 100.

Les eaux de macération avaient pour composition :

Sucre	4.99
Eau	47.11
Alcool	25.20
Cendres	8.25
Inconnu	14.45
	100.00

Quotient de pureté 18
100 grammes de sucre = sels 165
— — mat. organ. 289

En comparant les rapports $\frac{165}{289} = 0.5$ et $\frac{24.2}{37.3} = 0.6$, on voit que les matières organiques ont été éliminées en plus grande quantité que les sels.

La masse cuite avait pour composition :

Eau	6.55
Sucre	83.25
Cendres	4.70
Inconnu	5.50
	100.00

Quotient de pureté 91.2
100 grammes de sucre = ... 5.5 cendres.
100 grammes de sucre = ... 4.1 de matières organiques.

100 grammes de sucre sous forme de mélasse correspondaient donc à 24.2 de sels et 100 grammes de sucre sous forme de masse cuite à 5.5 ; différence, 18.7 et $\frac{24.2}{18.7} = \frac{100}{x}$ $x = 77$ pour 100 de sels éliminés.

Le même calcul appliqué aux matières organiques donne $37^g,3 - 4^g,1 = 32^g,2$; soit : matières organiques éliminées 89.7 pour 100.

Comparaison des eaux d'exosmose et de lessivage à l'alcool (procédé Manoury).

	Mélasse d'exosmose à 40 degrés Baumé.	Eau de lessivage à 15 degrés.
Sucre	22	4
Cendres	28.80	22
Matières organiques	24.37	14 (azote, 1.25).
Eau	30.83	60
Quotient organique	520	550
— salin	380	550

L'augmentation du quotient salin dans les eaux de lessivage est
due à l'emploi du carbonate de soude destiné à précipiter la chaux.

Comparaison des salins.

	Salins de mélasses d'exosmose.	Salins des eaux de lavage à l'alcool.
Insolubles.	5 à 6	8 à 13
Chlorure de potassium. . . .	25 à 30	20 à 22
Carbonate de potasse. . . .	45 à 50	40 à 45
Carbonate de soude.	14 à 15	30 à 35
Sulfate de potasse.	4 à 5	3 à 4

Résultats obtenus.

	Composition de masses cuites ordinaires. Fin janvier.	Composition moyenne de masses cuites provenant des sirops d'égout ordinaire.	Composition d'un sirop étendu obtenu des sirops d'égout 1er jet, traité par le procédé Manoury.
Eau.	6.5	8.3	53
Sucre.	80	66.6	40
Cendres.	5.2	9.5	3
Inconnu.	8.3	15.6	4
Quotient de pureté. . .	85.5	72.6	85
— salin.	6.5	14.2	7.5
— organique. . .	10.3	23.4	10.0

	Mélasse de 3me jet. Composition.
Sucre.	55.0
Cendres.	11.52
Eau.	13.55
Inconnu.	19.92
D'où quotient de pureté.	63.0
— salin.	21.0
— organique.	36.0

Après traitement par le procédé Manoury (lavage avec deux
volumes), le sirop contenait :

Sucre.	51.5
Cendres.	2.2
Eau.	43.4
Inconnu.	2.9
Quotient de pureté.	90.8
— salin.	4.2
— organique.	5.6

Ce qui correspond aux masses cuites très-pures obtenues dès le commencement d'une campagne et ayant par exemple pour composition :

Sucre.	83.75
Cendres.	4.2
Eau.	7.55
Inconnu.	4.5
Quotient de pureté.	90.5
— salin.	5.1
— organique.	5.3

M. Lair dit que la betterave absorbe du nitrate de soude en nature qui immobilise du sucre, et il admet que 1 000 kilogrammes de nitrate de soude, employés comme engrais, annulent, en les transformant en mélasse, 3758^k,75 de sucre (*Journal des fabricants de sucre*, 5 février 1874).

Il suffit de se rapporter aux recherches précédemment exposées de MM. Corenwinder et Pagnoul, pour voir le peu de fondement de cette opinion.

M. Marshall, en étudiant l'action des sels sur la cristallisation du sucre, a reconnu que la plupart des sels peuvent être divisés en sels neutres, positifs ou négatifs.

Les sels neutres sans influence sont : le sulfate, le nitrate de potasse, les chlorures de potassium et de sodium, etc. (1).

Sels négatifs : sulfates de soude et de magnésie, chlorures de magnésium et de calcium ; ces sels peuvent aider la cristallisation du sucre dans certaines limites.

---

(1) M. Marshall n'indique pas les conditions expérimentales qui l'ont amené à ces diverses conclusions. Pour notre part nous avons constaté, dans des essais directs, que le chlorure de potassium, et particulièrement le chlorure de sodium, empêchent la cristallisation d'une notable quantité de sucre. (On ajoutait au sucre dissous dans l'eau 10 pour 100 de chlorure et on cuisait à l'air libre à 114 degrés.) Mais, dans l'application à la cristallisation des jus sucrés, nous n'entendons pas déduire de ce fait : 1° que les chlorures agissent proportionnellement à leur quantité ; 2° que la cristallisation dans le vide donne les mêmes résultats que la cuite à l'air libre ; 3° que les chlorures, associés aux matières organiques incristallisables, exercent la même action qu'à l'état libre. Nous croyons devoir faire ces réserves à propos d'une question aussi compliquée, et encore obscure à plusieurs points de vue. Néanmoins, il paraît résulter des travaux de M. Riffard que le chlorure de potassium, en proportion anormale avec la composition moyenne des masses cuites de sucrerie, n'exerce qu'une action très-faible sur la cristallisation du sucre.

Les sels positifs sont ceux qui, en augmentant la solubilité du sucre, peuvent concourir à la formation de la mélasse.

M. Marshall indique, comme sel minéral positif, le carbonate de potasse.

Antérieurement, Payen avait constaté que le sucre additionné d'une certaine quantité de nitrate de potasse, cristallise sensiblement comme le sucre seul, en même temps que le nitrate.

Nous ajouterons à ce qui précède une observation relative au chlorure de magnésium. Les sirops d'une fabrique de sucre contenaient une quantité relativement considérable de magnésie (2 grammes par litre) (1), qui se précipitait sous forme de carbonate pendant l'évaporation au triple effet.

Pour éviter la formation de ce dépôt, nous avons introduit de l'acide chlorhydrique dans le jus, tout en lui conservant une légère alcalinité. Dans ces conditions les rendements n'ont pas été modifiés par la présence du chlorure de magnésium et le temps de cuite a pu être réduit de vingt-cinq heures environ à quatorze.

M. E. Feltz admet que le sucre n'est pas retenu dans la mélasse par suite de la présence des chlorures ni du sucre incristallisable.

D'après le même auteur, certaines substances minérales peuvent seules ne pas exercer d'action sur la cristallisation du sucre, tandis que, mélangées à des matières organiques contenues dans les jus sucrés, elles s'opposent à la formation des cristaux (2).

En résumé, on peut conclure de ce qui précède que la cause principale de la formation de la mélasse est due à la présence des matières organiques, et parmi celles-ci nous citerons particulièrement les substances protéiques, qui sont profondément modifiées par l'action de la chaux et de la chaleur pendant les phases de la fabrication.

Nous verrons plus loin que, quelle que soit la nature des matières

(1) La magnésie provenait du calcaire.

(2) A propos du glucose, M. Durin, dans un travail important sur la canne, publié dans le *Journal des fabricants de sucre* (1874), déduit de nombreux essais analytiques que le glucose ne doit pas être considéré comme exerçant une influence sur la cristallisation du sucre, ainsi qu'on l'admet généralement.

organiques et des sels contenus dans le jus, le quotient de pureté
d'un jus sucré, après épuration, peut d'une manière très-géné-
rale servir de base quant aux rendements en sucre cristallisé (1).

(1) Lorsque les betteraves sont altérées, les jus dissolvent une certaine quantité de la chaux employée comme agent d'épuration, et les combinaisons organiques qui en résultent ne sont pas décomposables par l'acide carbonique. Ces
combinaisons indéterminées s'opposent énergiquement à la cristallisation du
sucre.

TROISIÈME PARTIE

CULTURE DE LA BETTERAVE.

De la graine. — On emploie en France plusieurs variétés de graines de betteraves, telles que : la rose de Pologne, l'électorale, l'impériale Knauer, l'allemande acclimatée, la graine Vilmorin améliorée, etc.

Dans le choix des porte-graines, on considère la densité de la racine et sa forme, l'aspect et le nombre des feuilles, ainsi que la densité du jus, suivant la méthode de M. Vilmorin.

Pour déterminer la densité de la racine, on emploie des solutions salées de densité croissante (1 à 6 degrés Baumé) et on prend comme porte-graines les betteraves qui surnagent dans les solutions les plus concentrées. M. Champonnois, pendant la campagne de 1874-75, en essayant ce procédé, remarqua que la densité directe du jus n'est pas en rapport avec celle de la betterave et que, par exemple, un jus marquant 1 050 pouvait provenir d'une betterave ayant pour densité 1 010 ; ce fait, ainsi que l'a constaté M. Champonnois, provient de la présence de gaz dans le tissu de la betterave.

D'après M. Dubrunfaut (*le Sucre*, p. 352), une racine ayant pour densité 1039 a fourni un jus à 7°,6 Baumé (soit, par le calcul, environ 30 centimètres cubes de gaz).

D'après M. Dubrunfaut, le volume du gaz renfermé dans les betteraves peut être de 115 millièmes.

Composition du gaz extrait des betteraves : azote, 63 ; acide carbonique, 37.

D'après nos essais, le volume des gaz, variable suivant le développement du végétal, atteint souvent 50 centimètres cubes par kilogramme de racine.

Soit une betterave pesant 1 kilogramme, et le jus ayant pour densité 1 065.

Supposons que la matière organique ait la même densité que l'eau et que la betterave renferme 96 pour 100 de jus. $1\,000 \times \frac{96}{100} = 960$ grammes de jus. $\frac{960}{1065} = 902$ centimètres cubes. En ajoutant 40 centimètres cubes représentant le volume de la matière organique, et 42 centimètres cubes de gaz, on aurait un total de 984 centimètres pesant 1 000 grammes, soit pour la densité de la betterave 1 016.

Densités de betteraves déterminées par l'eau salée.	Densité du jus.	Quantités d'air calculées par kilog.
1 016	1 045	26cc
1 012	1 048	36
1 005	1 040	35
1 012	1 050	32

D'après un article de *la Sucrerie indigène* (n° 17, 5 avril 1875), les betteraves d'une densité inférieure à 3°,4 doivent être mises de côté. Cette séparation ne paraît présenter aucune garantie, comme on peut le voir par les essais suivants :

Douze betteraves ont donné les résultats ci-après :

	Densité des racines.	Densité du jus.	Sucre pour 100cc de jus.
4 échantillons.	1 012	1 043	
2 —	1 020	1 048	
2 —	1 026	1 052	
1 —	1 031 .	1 050	
2 —	1 033	1 048	
1 —	1 038	1 052	
Autres essais.	1 033 — 1 030	1 058	11.7
—	1 025	1 056	12.2
—	1 025	1 052	11.3 (1)

On aura donc recours au procédé Vilmorin, basé sur la densité du jus, ou à l'essai, suivant la méthode de M. Viollette, à l'aide des liqueurs titrées.

Étant donnée une variété quelconque de betterave, la grosseur

(1) D'après le mémoire du docteur Scheibler (*Journal des fabricants de sucre*, n° 40, 1868), sur la densité des jus et des racines : « La présence simultanée de l'air et du jus dans les betteraves empêche toute séparation mécanique des mauvaises betteraves, qui serait basée sur la différence de densité des racines. »

des graines peut servir de guide au cultivateur dans le choix des porte-graines. On sait que, toutes choses égales d'ailleurs, les betteraves petites sont plus riches en sucre que les grosses et nous avons constaté, d'un autre côté, que la grosseur des graines influe sur celle des racines (1).

Sur un échantillon de graines de M. Simon-Legrand, nous avons choisi 100 graines, les plus grosses, pesant ensemble 3^g,2 et 100 du plus petit diamètre, pesant ensemble 0^g,425 (2).

Ces graines ont été plantées assez tardivement, néanmoins elles ont pris facilement racine.

En déterminant à diverses époques la grosseur des betteraves fournies par les deux lots de graines, ainsi que la richesse saccharine, nous avons obtenu les résultats suivants :

	Dates.	Poids des racines (moyenne de 4 racines).	Sucre pour 100 grammes de betteraves.
1° Grosses graines	11 août.	66 gr.	»
	20 août.	75	11^{gr},4
	31 août.	125	»
	16 septembre.	375	11 ,8
2° Petites graines	11 août.	30 gr.	»
	20 août.	50	12 ,0
	31 août.	75	»
	16 septembre.	235	12 ,5

Il résulte de là une méthode simple de sélection, qui consisterait à passer les graines au crible et à ne planter que celles ne dépassant pas un diamètre déterminé.

On lit dans un rapport de M. B. Mariage à la Société d'agriculture de Valenciennes (*Sucrerie indigène*, 20 août 1873) :

« Il est à ma connaissance personnelle que M. Dubrunfaut a entrepris des études très-sérieuses sur la sélection appliquée aux graines. Bien que ces études ne soient pas terminées, je crois devoir consigner ici le peu qui m'en est revenu.

« En faisant tremper les graines dans un grand volume d'eau, M. Dubrunfaut a obtenu après un certain temps une séparation ;

(1) Les graines de betteraves sont en général formées de trois à cinq petites capsules reliées entre elles et renfermées dans une enveloppe spongieuse.

(2) Walkhoff, édit. 1874, p. 87, dit que la grosseur de la semence a une certaine influence, et qu'il est préférable de prendre des grosses semences qui donnent des racines plus robustes.

les unes sont tombées au fond du vase, les autres ont surnagé. Ces deux qualités différentes, semées séparément, se sont comportées différemment, tant à la levée que pendant la végétation (1). »

Dans cette expérience, il y avait lieu de tenir compte de la facilité avec laquelle les graines peuvent absorber l'eau. Nous regrettons que les résultats de ces essais ne soient pas arrivés à notre connaissance.

Comme rendement en sucre à l'hectare, en général les diverses graines de betteraves à sucre, cultivées dans des conditions semblables, donnent sensiblement le même résultat.

Essais de la Société agricole du Pas-de-Calais (1874) avec différentes graines sur vingt-sept parcelles.

	Sucre total à l'hectare.		Richesse pour 100 gr. de betteraves.		Rendement à l'hectare.
1 de 3 432		3 de 7.0 à 7.4		2 de 41 600^k à 45 000^k
4	3 500 à 4 000	7	8.0 à 8.5	7	45 000 à 50 000
6	4 000 à 4 500	6	8.5 à 9.0	12	50 000 à 55 000
10	4 500 à 5 000	7	9.0 à 9.5	6	55 000 à 58 891
4	5 000 à 5 500	2	9.5 à 10.0		
2	5 500 à 5 644	2	11 à 12.0		

Essais de MM. H. Docte sur seize parcelles (Journal des fabricants de sucre, 1874).

1 de 3 850		2 de 9.5 à 10.0		3 de 33 036 à 35 000
11	4 000 à 4 500	3	10.5 à 10.0	5	35 000 à 40 000
3	4 500 à 5 000	6	11.0 à 11.5	7	40 000 à 45 000
1	5 000 à 5 300	3	11.5 à 12.0	1	46 680
		1	12.2		
		1	13.2		

Cependant, d'après une opinion assez répandue, la graine Vilmorin fournit des betteraves riches, mais d'un faible rendement en poids à l'hectare.

Nous verrons plus loin que cette opinion est erronée et ne repose que sur des bases fictives.

Date de la graine.

Les graines que nous avons essayées étaient de deux ans. M. Vilmorin pense qu'après cinq années de conservation, elles

(1) Basset, *Guide pratique du fabricant de sucre*, t. 1er, p. 204 : « Au préalable, cependant, il est bon de faire pour les graines ce que l'on a fait pour les racines de reproduction et de choisir les plus lourdes : celles qui plongent au fond d'un bain préparé avec de l'eau et du sel. »

peuvent encore lever, et nous avons constaté que des graines de neuf ans n'étaient plus susceptibles de germination.

Analyses de graines de betteraves.

Graines.	Nombre de graines correspondant à 100 gr.	Eau.	Cendres.	Cendres pour 100 gr. de mat. sèch.	Azote pour 100 gr. de mat. séc.
Betterave à sucre, collet gris. . . .	4.400	12.0	6.6	7.5	»
— — Vilmorin.	4.500	13.4	5.8	6.7	2.3
— collet rose.	4.800	12.6	6.5	7.2	»
— collet vert.	5.400	11.1	7.4	8.3	»
— disette blanche.	5.100	12.0	6.5	7.1	»
— allemande.	4.900	11.4	6.4	7.2	»
— globe jaune.	4.000	10.6	6.2	6.9	2.1
— Simon-Legrand..	4.500	11.4	7.0	7.9	»
— Vilmorin (graine de 1863).	»	11.1	6.35	7.1	1.9

		Poids des 100 graines.	Eau pour 100 de mat. norm.	Azote pour 100 de mat. norm.	Cendres pour 100 de mat. norm.	Azote pour 100 de mat. sèche.	Cendres pour 100 de mat. sèche.	Mat. azotées. pour 100 de mat. sèche.	Alcalinité p. 100 de cendres exprimée en SO³,HO.	Sucre pour 100 bett. en moyenn.
Graines Vilmorin.										
Grosses graines.		4ᵍʳ,130	10.9	2.66	5.4	2.98	6.061	8.6	14.9	} 15
Petites graines.		0 ,546	11.0	3.07	5.3	3.44	5.95	21.5	13.1	
Betteraves à sucre (moyenne des variétés).										
à collet gris. . .	Grosses graines	4 ,745	12.2	2.46	6.5	2.80	7.4	16.8	»	} 10
à collet vert.. .										
allem. acclimat.	Petites graines	0 ,777	11.2	2.80	8.2	3.15	»	19.68	»	
à collet rose. . .										
Betteraves fourragères.										
corne de bœuf. .	Grosses graines	4 ,647	12.5	2.38	7.0	2.74	8.0	14,87	13.6	} 4 à 6
jaune d'Allemag.										
champêtre rose.	Petites graines	0 ,560	11.4	2.55	9.0	2.87	»	15.93	12.4	
rouge-globe. . .										

Plus la graine produit des betteraves riches, plus elle contient de matière azotée et moins elle renferme de cendres. Dans une même graine, les petits grains contiennent plus d'azote que les gros.

100 grammes de graines de la variété connue sous le nom de globe rouge renfermaient :

Capsules. . . . . 84 grammes.
Enveloppes. . . . . 16 —

Composition.	Eau.	Cendres pour 100 matière normale.	Azote pour 100 matière normale.	Cendres pour 100 mat. sèch.	Azote pour 100 mat. sèch.	Mat. azot. p. 100 mat. sèch.	Alcalinité exprimée en SO³HO pour 100 de cendr.
Enveloppe. . .	14.2	12.7	5.4	14.8	5.96	24.75	22.7
Partie interne..	14 0	5.5	2.2	6.4	2.55	15.95	13.5

L'enveleppe, contenant beaucoup de matières azotées et de cendres, sert sans doute à la nourriture de la plante jusqu'à ce que celle-ci, par l'intermédiaire des feuilles et des radicelles, puisse emprunter au sol et à l'air les matières nécessaires à son développement.

	Composition des cendres de graines de betteraves à sucre (sans CO¹).			Composition des cendres des betteraves ayant fourni les graines n° 1.
	Graine ordinaire de sucrerie.	Vilmorin améliorée.	Betterave blanche à collet rose.	
Potasse..	21.1	24 2	16.4	31.1
Soude. . . . . ,	8.9	12.8	10.4	14.5
Chaux.	25.4	17.2	20.2	6.0
Magnésie..	13.5	10.1	11 5	7.7
Acide sulfurique.	4.0	4.5	2.8	5.5
Chlore..	4.7	4.1	4.1	2.6
Acide phosphorique.	8.4	17.4	9.5	14.0
Silice.	13.4			20.2
Oxyde de fer.	1.2	11.0	26.4	0.1
Divers (traces de manganèse).	0.7			0.9
	101.5	101.1	101.1	100.6
Oxygène à déduire pour le chlore.	1.5	1.1	1.1	0.6
	100.0	100.0	100.0	100.0
Acide carbonique, p. 100 gr. . .	10.0	15.1	10.4	
Cendres directes, matières solubles dans l'eau. .	43.5			
— insolubles.	56.5			
	100.0			

D'après Walkhoff (p. 182-183, t. I, édit. 1874), « Frickenhauss croit pouvoir conclure de ses recherches, poursuivies pendant plusieurs années, que la richesse saccharine s'élève par le croisement, etc. ; » plus loin : « j'ai pu de la sorte (avec les graines de M. Frickenhauss) poursuivre dans la Russie méridionale de nouveaux croisements des variétés les plus estimées. J'ai obtenu ainsi

des betteraves dont le jus marquait 18.8 pour 100 Balling, et
16,5 pour 100 de sucre, en partant de variétés dont le jus ne renfermait avant que 17.8 pour 100 Balling et 16.35 pour 100 de
sucre. Les plants avaient été disposés les uns auprès des autres,
de façon que leurs fleurs se touchaient ; grâce à ce voisinage, la
moindre agitation des tiges suffisait pour assurer le transport du
pollen. »

Tout en réservant notre opinion sur l'influence du croisement,
nous pensons que l'augmentation de richesse saccharine, dans les
conditions expérimentales où s'est placé l'auteur de ces essais,
peut être attribuée au rapprochement des racines, dont il ne paraît
pas avoir tenu compte.

Richesse en sucre des betteraves à diverses époques
de la végétation.

On sait que les betteraves contiennent une proportion croissante de sucre à mesure qu'elles approchent de l'époque de leur
maturité.

Des betteraves Vilmorin plantées le 19 avril et analysées le
6 juillet avaient un poids variable de 5 à 61 grammes et contenaient en moyenne 10 pour 100 de sucre.

Le 16 septembre, le poids moyen était de 600 grammes ; sucre,
16 à 17 pour 100.

M. Pagnoul (*Comptes rendus du laboratoire agricole du Pas-de-
Calais*, 1871-72) indique les résultats suivants :

	Betteraves récoltées le 1er juillet.	Richesse saccharine.
No 1.	37 grammes.	8.8
No 2.	13 —	5.3

	Betteraves récoltées le 16 septembre.	
No 1.	568 grammes.	12.0
No 2.	556 —	10.2

Il résulte de ce qui précède que, dans les analyses moyennes
de betteraves, faites au point de vue des engrais et de l'écartement des racines, on devra non-seulement tenir compte de l'espèce
de la graine et n'opérer que sur des sujets purs, ainsi que le

recommande M. Péligot, mais encore prendre un grand nombre de sujets, attendu que la grosseur de la graine exerce une influence sur le poids des racines.

Mouillage de la graine.

On a semé le 19 avril 1874 des graines Vilmorin, dont une partie était à l'état normal, tandis que l'autre, plongée quelques heures dans l'eau, avait été abandonnée à elle-même pendant quatre jours.

Quelques graines mouillées donnaient déjà des traces de germination après six à sept jours de plantation, quoique le terrain fût d'assez mauvaise qualité pour la culture de la betterave et n'eût pas reçu de labour.

	Dates.	Poids moyen.	Sucre pour 100 gr, de betteraves.	
Graine normale, n° 1.	31 août. . . .	400 gr.	16.4	Betteraves très-fourchues.
	16 septembre.	460	13.4	
	29 septembre.	580	17.0	
Graine mouillée, n° 2.	31 août. . . .	»	16.9	Betteraves peu fourchues.
	16 septembre.	500	14.9	
	29 septembre.	580	17.2	

Les manques étaient en petit nombre pour le numéro 2 et très-nombreux pour le numéro 1.

Dans ces essais, les différences de forme doivent être attribuées à la nature du terrain, non préparé pour cette culture ; les chaleurs survenues quelques semaines après la germination ayant rendu la terre plus compacte, les radicelles peu développées de la graine normale se sont répandues de divers côtés, tandis que la graine mouillée, ayant germé plus rapidement, avait déjà des racines relativement longues, qui se trouvaient dans un terrain plus humide, ce qui leur permit de pivoter. Quant aux manques, plus abondants dans le premier cas que dans le second, ils étaient dus à l'état de sécheresse, qui exerce une grande influence sur les sujets les moins développés.

On a préconisé différents liquides pour mouiller la graine et hâter son développement, et parmi ceux-ci l'eau aiguisée d'acide azotique. On peut supposer dans ce cas que l'azotate formé autour de la graine par la présence du carbonate de chaux dans le sol fournit de l'azote rapidement assimilable et maintient une certaine humidité nécessaire au développement de la plante (1).

Influence de l'écartement des racines sur leur poids
et leur richesse saccharine.

D'après nos essais :

Culture à plat.	Écartement des lignes.	Poids des racines.
Graine Vilmorin.	20 c.	354 gr.
—	30	460
—	60	1 200

Richesse saccharine des betteraves suivant l'écartement.

	Écartement.	Sucre pour 100 grammes de betteraves.
Graine Vilmorin. . . . . {	20 c.	14.2
— — Même époque. {	30	13.4
— — Autre époque. {	30	14.7
	60	13.6

M. Pagnoul a obtenu les résultats suivants :

	Poids des betteraves.		Sucre pour 100 grammes de betteraves.	
	1	2	1	2
Grande distance..	850 gr.	800 gr.	9.5	10.2
Petite distance.	701	490	10.0	13.3 (2)

Autres essais avec engrais complet :

Distance.	Poids. des betteraves.	Sucre pour 100.	Sucre total à l'hectare.
50 c. sur 33 c.	927 gr.	10.2	5 059 kilog.
33 c. sur 25	483	10.6	6 376

(*Sucrerie indigène* p. 334, 16 mars 1875.)

(1) M. Bœttger a trouvé qu'on hâte considérablement la germination des graines en général, et même des graines de café, en les introduisant pendant quelques instants dans une solution faible de soude, de potasse ou d'ammoniaque.

L'ammoniaque qui se dégage du fumier exerce peut-être une action analogue sur les graines de betteraves.   P. C. et H. P.

(2) Les betteraves présentent en général deux parties aplaties ou légèrement concaves, placées symétriquement, desquelles partent les radicelles (chevelu), qui sont dirigées du côté du plus grand écartement des racines; si la distance des lignes est égale à celle qui sépare les betteraves les unes des autres, la racine possède une forme conique plus ou moins régulière, et les radicelles s'échappent de toute la surface. M. Dubrunfaut (*Le sucre*, p. 269) dit, à propos du chevelu et de sa position sur les racines : « Les deux faces symétriques de la racine d'où part le chevelu offrent dans toutes les racines une sorte de mouvement de torsion sinistrogyre, c'est-à-dire dirigé dans le sens du mouvement diurne apparent du soleil. »

D'après des expériences faites à la ferme de Bienville chez M. Delahaye, en laissant 50 centimètres entre les lignes on a obtenu par hectare :

Pour un écartement de 50 centimètres sur la ligne.. .			35 714 kilog.
—	40	—	37 790
—	30	—	39 720
—	25	—	41 280

A la Ferme-Neuve, près Noyon, chez M. Leroy, écartement de 45 centimètres entre les lignes, on a obtenu par hectare :

Pour un écartement de 50 centimètres sur la ligne.. .			64 100 kilog.
—	40	—	68 800
—	30	—	72 200
—	25	—	72 600

D'où il résulte que « plus les écartements entre les betteraves dans les lignes étaient grands, plus le poids obtenu par hectare était faible. » (*Journal des fabricants de sucre*, n° 47, 4 mars 1875.)

Des feuilles de betteraves.

M. Corenwinder a constaté sur plusieurs végétaux que le poids des cendres augmente dans les feuilles à mesure de leur développement, tandis que les principes azotés diminuent.

	Feuilles de lilas commun.			Feuilles d'érable.	
Dates.	Matières azotées pour 100 gr. de matière sèche.	Cendres pour 100 gr. de matière sèche.	Dates.	Matières azotées pour 100 gr. de matière sèche.	Cendres pour 100 gr. de matière sèche.
15 avril 1873 .	27.87	4.42	1er mai . . .	40.94	6.00
12 mai	17.81	4.46	13 juin . . .	22.87	9.40
. 6 juin	14.75	6.90	12 juillet . . .	20.19	11.64
1er juillet . . .	12.6	3.34	4 août . . .	19.59	12.28
2 août	10.81	8.40	3 sept. . . .	20.6	13.50
2 septembre .	10.31	8.52	3 octobre . .	20.0	14.75
1er octobre.. .	11.19	8.2	14 octobre . .	14.0	16.2
31 octobre.. .	8.87	8.0			

N'ayant pas eu l'occasion de faire des essais, à diverses époques, sur les feuilles de betteraves, nous avons choisi sur différentes racines des feuilles jeunes et d'autres arrivées à maturité.

L'analyse a donné les résultats suivants, avec les mêmes betteraves :

	Poids moyen d'une feuille.	Cendres pour 100 gr. de mat. sèche.	Matières azotées pour 100 gr. de mat. sèche.
Feuilles jeunes et petites.. . .	1 gr.	20.5	26.3
Grosses feuilles ayant acquis tout leur développement.	25	32.0	14.62

On voit que la conclusion à laquelle est arrivée M. Corenwinder s'applique aussi aux feuilles de betteraves.

Ce qui précède a été confirmé par une série d'analyses dans lesquelles nous avons déterminé la teneur en sucre d'un certain nombre de betteraves de richesse variable, ainsi que le poids de la matière sèche des feuilles, l'azote et les cendres, et on peut admettre que les chiffres ci-dessous se rapportent aussi à la même espèce de betteraves à diverses époques de leur développement, la proportion de sucre augmentant à mesure qu'on approche de la maturité.

Richesse saccharine des jus comparée à la proportion d'azote et de sels contenus dans les feuilles.

Richesse saccharine des jus.	Matière sèche pour 100 gr. de feuilles.	Matières azotées pour 100 gr. de matière sèche des feuilles.	Cendres pour 100 gr. do matière sèche des feuilles.
16.2	15.0 } 15.4		32
15.3	15.8 }	14.70	
14.9	14.9 } 14.75	17.30	31
14.7	14.6 }	19.00	30
14.2			27
13.4	12.1 } 13.05		
13.2	14.0 }		26

On voit, en comparant ces résultats, que l'augmentation en sucre correspond à un poids plus élevé de sels et à une proportion inférieure de matières azotées dans les feuilles.

Nous montrerons plus loin que le contraire a lieu pour la racine.

La quantité d'eau contenue dans les côtes des feuilles est sensiblement la même pour diverses betteraves, et supérieure à celle de la partie verte.

	Eau pour 100.
1° Partie verte	84
Côtes	89
2° Partie verte	85
Côtes	89

Composition moyenne des feuilles de betteraves et des racines. Quantités d'azote et de cendres correspondant à 100 kilogrammes de sucre.

D'après nos analyses la composition moyenne des feuilles est représentée par :

	Racines	Soit pour 100 de matière sèche.
Eau	84.00 à 87.00	»
Azote	0.45 à 0.30	2.3 à 2.8
Cendres	4.40 à 5.20	23.1 a 27.5

La proportion des feuilles est en général de 50 kilogrammes pour 100 kilogrammes de racines riches en sucre, et de 25 à 30 kilogrammes pour 100 kilogrammes de racines contenant de 9 à 11 pour 100 de sucre (1).

Analyse moyenne de betteraves à 15.5 pour 100 de sucre.

	Racines.	Soit pour 100 de matière sèche.	Feuilles de betteraves.	Soit pour 100 de matière sèche.
Eau	74.00	»	83.50	»
Azote	0.40	1g,55	0.38	2.30
Cendres	0.80	5 ,10	4.55	26.20

Soit pour 1 000 kilogrammes de racines riches : azote des betteraves, 4 kilogrammes; cendres des betteraves, 8 kilogrammes; et pour 500 kilogrammes de feuilles : azote des feuilles ($0^k,38$ pour 100 en moyenne), $1^k,90$; cendres des feuilles, 21 kilogrammes. Total pour 1 500 kilogrammes (feuilles et racines) : azote, $5^k,90$; cendres, 29 kilogrammes.

Si l'on obtient 50 000 kilogrammes de racines à l'hectare et 25 000 kilogrammes de feuilles, on aura donc enlevé à la terre :

	Azote total.	Cendres totales.
50 000 kilog. de racines	200 kilog.	400 kilog.
25 000 — de feuilles	95 —	1 050 —
	295 kilog.	1 450 kilog.

(1) Voir p. 43.

Betteraves de richesse moyenne, 11 pour 100 de sucre.

	Racines.	Soit pour 100 de matière sèche.	Feuilles de betteraves.	Soit pour 100 de matière sèche.
Eau.. . . .	82.00		84.50	
Azote. . . .	0.25	1ᵏ,39	0.38	2.45
Cendres. . .	0.95	5 ,50	3.85	24.8 (1)

Soit pour 1 000 kilogrammes de racines de richesse moyenne en sucre : azote des betteraves, 2ᵏ,50 ; cendres des betteraves, 9ᵏ,50 ; et pour 300 kilogrammes des feuilles : azote des feuilles, 1ᵏ,14 ; cendres des feuilles, 11ᵏ,55. Total pour 1 300 kilogrammes (feuilles et racines) : azote des feuilles, 3ᵏ,64 ; cendres des feuilles, 21ᵏ,05.

Soit pour une récolte de 50 000 kilogrammes de racines à l'hectare :

	Azote total.	Cendres totales.
50 000 kilog. de racines.	125 kilog.	475ᵏ,00
15 000 — de feuilles..	57 —	577 .5
	182 kilog.	1 052ᵏ.5

En résumé, pour 50 000 kilogrammes de racines à 15.5 pour 100 de sucre, on a : sucre, 7 750 kilogrammes, correspondant à azote total, 295 kilogrammes ; cendres, 1 450 ; et pour 50 000 kilogrammes de racines à 11 pour 100 de sucre : sucre, 5 500 kilogrammes, correspondant à azote total, 182 kilogrammes ; cendres, 1 052ᵏ,50.

Si l'on compare ces deux résultats, on trouve que 100 kilogrammes de sucre à l'état de betteraves riches correspondent à 3ᵏ,80 d'azote et 18ᵏ,60 de cendres, et 100 kilogrammes de sucre à l'état de betteraves pauvres à 3ᵏ,10 d'azote et 19ᵏ,40 de cendres.

Ce qu'on peut résumer en disant que 100 kilogrammes de sucre, quelle que soit la richesse de la betterave, emportent, tant à l'état de racines que de feuilles, sensiblement la même quantité d'azote et de substances salines.

La culture des betteraves riches ou petites n'est donc pas plus

(1) Analyse de l'épiderme des betteraves pour 100 grammes de matière sèche :

Cendres.	10 à 12 pour 100
Azote.	1,8 à 2,2
Acide phosphorique..	0.04

Soit en moyenne 5 pour 100 d'acide phosphorique dans les cendres.

épuisante que celle des grosses betteraves, *pour une même quantité de sucre.*

D'après les tables de Wolff, 50 000 kilogrammes de racines correspondraient à 80 kilogrammes d'azote. (L'auteur n'indique pas la richesse saccharine, ni la quantité d'azote enlevée par les feuilles.)

M. Joulie (*Guide pour l'emploi des engrais*, p. 9) dit qu'il faut compter sur près de 125 kilogrammes d'azote pour 50 000 kilogrammes de racines, ce qui correspond aux chiffres que nous avons indiqués pour des betteraves de richesse moyenne, à 11 pour 100 de sucre. Mais, M. Joulie n'ayant pas tenu compte de l'azote contenu dans les feuilles, il en résulte que ce chiffre est inférieur au poids réel d'azote enlevé.

M. Dudouy (*Tableau de la comptabilité du sol*) indique pour 100 kilogrammes de feuilles et racines $0^k,46$ d'azote (moyenne d'analyses nombreuses françaises et étrangères). En admettant, comme nous l'avons dit, 30 kilogrammes de feuilles pour 100 kilogrammes de racines, 50 000 kilogrammes de racines correspondent à 15 000 kilogrammes de feuilles, soit un total de 65 000 kilogrammes, qui, multiplié par $\frac{0^k,46}{100} = 299^k,50$ d'azote à l'hectare, chiffre entièrement concordant avec les résultats de nos analyses.

D'après M. Riffard, 40 000 kilogrammes de betteraves à 10,35 pour 100 de sucre, contiennent 512 kilogrammes de cendres ; cette teneur en sucre correspondant par exemple à 25 pour 100 de feuilles, soit en moyenne 10 000 kilogrammes de feuilles à 3,33 pour 100 de cendres, soit 333 kilogrammes, on aurait trouvé 512 kilogrammes $+$ 333 kilogrammes $=$ 843 kilogrammes de cendres.

D'après ce que nous avons dit, 100 kilogrammes de sucre enlèvent au sol en moyenne 19 kilogrammes de cendres, 40 000 de betteraves à 10,35 de sucre $=$ 4 140 kilogrammes de sucre.

$$\text{Si}\quad \frac{100 \text{ kilogrammes sucre}}{19 \text{ kilogrammes cendres}} = \frac{4140}{x}, \quad x = 786 \text{ kilogrammes.}$$

Il résulte de ce qui précède que, pour rendre comparables entre eux les résultats d'analyses de betteraves, il faut faire entrer en ligne de compte le rendement à l'hectare en racines et en feuilles ainsi que la richesse saccharine ; et on peut expliquer par là les résultats différents trouvés par plusieurs auteurs quant au poids de substances salines emportées par la culture de la betterave.

Exemples :

Bretschneider..	Racines, substances minérales..	251.5 (1)	} 682^k,7	} L'auteur n'indique pas le poids de racines par hectare ni la richesse de la betterave(2).
	Feuilles, —	291.2		
	$+ CO_2$ des cendres, environ...	140.0		
Wolff.	Racines, substances minérales..	193.2	} 489	
	Feuilles, —	196.6		
	$+ CO_2$ des cendres, environ..	100.0		
Karmrodt. . .	Racines, substances minérales..	193.0	} 453	} Pour 30 000 kilogrammes de racines par hectare, sans indication de richesse.
	Feuilles, —	162.0		
	$+ CO_2$ des cendres, environ...	98.0		
Fuhling. . . .	Racines, substances minérales..	290.0	} 619	
	Feuilles, —	204.0		
	$+ CO_2$ des cendres, environ...	125.0		
Hoffmann. . .	Racines, substances minérales..	199.6	} 503	
	Feuilles, —	198.8		
	$+ CO_2$ des cendres, environ...	105.0		

Les écarts quant à la teneur d'azote seraient sans doute beaucoup plus considérables.

(1) Walkhoff, édition 1874, p. 42-43.
(2) A l'île Maurice on déduit le poids d'engrais nécessaires, d'après la quantité de sucre qu'on veut obtenir par hectare.

Tableau des proportions de matières organiques et minérales enlevées au sol pour 100 kilogrammes de sucre. (1)

100 kilogrammes de sucre.	Betteraves à 10 pour 100 de sucre.				Betteraves à 15 pour 100 de sucre.			
	Feuilles = 260 kilog.	Racines = 1 000 kilog.	Total des éléments minéraux et organiques.	1 000 kilog. de feuilles et racines.	Feuilles = 330 kilog.	Racines = 660 kilog.	Total des éléments minéraux et organiques.	1 000 kilog. de feuilles et racines.
Potasse.	2.40 à 2.90	3.30 à 2.93	5.70 à 5.30	4.52	5.30 à 5.60	2.00 à 1.72	5.50 à 5.70	5.36
Soude.	0.84 à 0.90	0.60 à 0.51	1.44 à 1.55	1.14	1.15 à 1.25	0.40 à 0.50	1.55 à 1.45	1.57
Chaux.	0.91 à 1.00	0.50 à 0.42	1.41 à 1.55	1.15	1.25 à 1.50	0.50 à 0.25	1.55 à 1.40	1.57
Magnésie.	0.75 à 0.75	0.45 à 0.38	1.18 à 1.50	0.94	1.00 à 1.05	0.50 à 0.22	1.50 à 1.18	1.32
Chlore.	0.84 à 0.85	0.60 à 0.57	1.44 à 1.65	1.14	1.25 à 1.20	0.40 à 0.54	1.65 à 1.44	1.68
Acide sulfurique..	0.59 à 0.40	0.25 à 0.22	0.64 à 0.65	0.50	0.54 à 0.60	0.15 à 0.15	0.65 à 0.64	0.86
Silice.	0.08 à 0.10	0.55 à 0.34	0.43 à 0.35	0.54	0.11 à 0.15	0.22 à 0.20	0.35 à 1.45	0.56
Acide phosphorique.	0.58 à 0.60	0.60 à 0.59	1.18 à 1.20	0.94	0.80 à 0.85	0.40 à 0.55	1.20 à 1.18	1.22
Divers.	0.55 à 0.50	0.25 à 0.16	0.78 à 0.85	0.62	0.50 à 0.45	0.25 à 0.09	0.85 à 0.78	0.70
Total des éléments minéraux. . . .	7.50 à 8.00	6.90 à 6.12	14.20 à 14.40	11.27	9.90 à 10.45	4.40 à 5.60	14.40 à 14.20	14.44
Matière sèche. . .	56.00	167.5	205.50	161.50	46.00	158.40	204.40	206.00
Azote.	0.88	2.5	3.38	2.68	1.20	2.60	5.80	5.86
Carbone.	12.00	68.0	80.00	63.00	46.00	64.00	80.00	80.80

(1) Ce tableau et les suivants sont établis sur des moyennes d'analyses françaises et étrangères.

D'après M. Dubrunfaut (*Le sucre*, p. 236), 30 000 kilogrammes de betteraves correspondent à 2 550 kilogrammes de carbone. Si l'on admet une richesse moyenne de 10,5 de sucre, on aura : sucre, 3 150 kilogrammes = 2 550 kilogrammes de carbone, ou 100 kilogrammes de sucre = 80 kilogrammes de carbone.

Quantités de sels enlevés à la terre par la culture de la betterave, sur un hectare, pour une récolte de 50 000 kilogrammes de racines.

	Betteraves en moyenne à 10 pour 100 de sucre, soit sucre, 5 000 kilogrammes.			Betteraves en moyenne à 15 pour 100 de sucre, soit sucre, 7 500 kilogrammes.		
	Feuilles, 13 000 kil.	Racines, 50 000 kil.	Total à l'hectare.	Feuilles, 25 000 kil.	Racines, 50 000 kil.	Total à l'hectare.
Potasse..	145.0	146.5	291.5	270.00	129.00	599.00
Soude.	45.0	25.5	70.5	93.75	22.50	116.25
Chaux.	50.0	21.0	71.0	97.50	18.75	116.25
Magnésie.	37.5	19.0	56.5	78.75	16.50	95.25
Chlore.	42.5	28.5	71.0	90.00	25.50	115.55
Acide sulfurique. .	20.0	11.0	31.0	45.00	9.75	54.70
Silice..	5.0	17.0	22.0	11.25	15.00	26.25
Acide phosphorique	30.0	29.5	59.5	63.75	26.25	90.00
Divers.	25.0	8.0	33.0	33.75	6.75	40.50
Total des éléments minéraux. . . .	400.0	306.0	706.0	785.75	270.00	1053.75
Matière sèche. . .	180.00	837.50	1017.50	3500.00	12000.00	15500.00
Azote..	42.9	125.0	167.9	95.00	200.0	295.00

Quantités de matières organiques et minérales enlevées par les feuilles et les racines.

	Betteraves supposées à 10 pour 100 de sucre.		Betteraves supposées à 15 pour 100 de sucre.	
	1 000 kilog. de feuilles.	1 000 kilog. de racines.	1 000 kilog. de feuilles.	1 000 kilog. de racines.
Potasse.	9.23	2.93	10.0	2.66
Soude.	3.23	0.51	3.47	0.45
Chaux.	3.50	0.42	3.75	0.58
Magnésie..	2.81	0.38	3.05	0.53
Chlore.	3.23	0.57	3.47	0.50
Acide sulfurique.. . .	1.50	0.22	1.63	0.19
Silice.	0.31	0.34	0.33	0.30
Acide phosphorique..	2.23	0.59	2.40	0.51
Divers..	2.03	0.16	1.92	0.13
Total des éléments minéraux..	28.07	6.12	30.0	5.45
Matière sèche.. . . .	158.0	167.5	140.0	240.0
Azote.	3.3	2.5	3.8	4.0

	Composition de 100 kilog. de	
	cendres de feuilles,	cendres de racines.
Potasse.	55.0 (1)	46.0
Soude.	11.5	8.5
Chaux..	12.0	7.0
Magnésie.	11.0	6.0
Chlore.	11.5	9.0
Acide sulfurique.	5.5	5.5
Acide phosphorique..	8.0	10.0
Silice et divers..	10.0	12.0
	102.5	102.0
A déduire oxygène pour le chlore.	2.5	2.0
	100.0	100.0

Poids des feuilles par rapport au poids des betteraves
et à leur teneur en sucre.

En comparant les graines Vilmorin avec des graines ordinaires
de sucrerie, par rapport au poids des feuilles pour 100 kilogrammes de racines, on obtient les résultats suivants :

	Pour 100 kilogrammes de racines.	Sucre pour 100 dans la betterave.
1° Graine Vilmorin (améliorée). . . .	56 kilog. de feuilles.	14.5
2° — Simon-Legrand (choisie). .	55 —	13.5
3° — ordinaire de sucrerie. . . .	20 —	11.8

D'un autre côté, si l'on compare, pour une même espèce de
graine, le poids des feuilles de betteraves enrichies par une
culture spéciale, on a :

	Racines.	Feuilles.	Sucre pour 100.
Graine ordinaire de sucrerie (culture spéciale).	100 kilog.	= 52 kilog.	= 13k,2
— (culture ordinaire).	100	= 28	= 11 ,8

Autres essais :

Richesse en sucre des racines.	Poids des feuilles pour 100 kilogrammes de betteraves.
15.4	58
15.2	63
14.1	52
14.7	62
13.1	51
15.8	26
15.5	56
12.4	25
11.8	26

(1) La substitution de la soude à la potasse peut avoir lieu entre des limites
assez éloignées.

Poids des feuilles pour des racines à richesse élevée et pour une même graine.

Sucre pour 100 centimètres cubes de jus.	100 kilogrammes de racines = feuilles :
16.2 } 15.7 15.3	46 } 58k 55
14.9 } 14.8 14.7	58 } 52 46
14.2 } 13.8 13.4	59 } 66 74

Nombre de feuilles par racine, correspondant à diverses richesses saccharines.

	Sucre pour 100 kilogrammes de betteraves.	Nombre de feuilles par racine.
Graine Vilmorin. . . . . . {	15.7	42
	14.8	39
	13.8	31
Graine ordinaire de sucrerie. {	12.2	23
	11.7	19

On déduit de ces résultats que le nombre des feuilles augmente avec la richesse saccharine.

Le tableau suivant indique le poids moyen des feuilles de betteraves diverses :

Sucre pour 100 grammes de betteraves.	Poids moyen d'une feuille.
15.7	7.8
14.8	7.2
13.8	8.9
10.6	7.5
10.4	4.9

Les feuilles jouent un rôle essentiel dans le développement des betteraves, soit comme appareil respiratoire, soit comme appareil d'excrétion, ainsi que l'admet M. Peligot.

Influence de l'effeuillage des racines.

D'après Walkhoff, des betteraves cultivées normalement contenaient 13,72 pour 100 de sucre, tandis que, effeuillées deux fois, elles ne renfermaient plus que 8,34, et dans les deux cas le poids des racines était le même. (Walkhoff, t. I, p. 115.)

L'effeuillage se pratique généralement sur des betteraves destinées à l'alimentation des bestiaux, ce qui est sans inconvénient, mais M. Dubrunfaut (*Le sucre*, p. 20) considère « comme un véritable contre-sens la pratique de l'effeuillage qui est encore en usage dans quelques exploitations. »

Conservation des betteraves avec ou sans feuilles.

Les betteraves, avec ou sans feuilles, paraissent se conserver de même.

Il suffit de disposer les racines de telle sorte que les feuilles puissent se dessécher sans pourrir (ce qui n'aurait pas lieu en silos).

Quantités d'azote et d'ammoniaque contenues dans les betteraves.

Dans un récent mémoire inséré aux *Comptes rendus de l'Académie des sciences* (mars 1875, n° 12), MM. Frémy et Dehérain ont constaté que des betteraves venues sur un terrain qui « recevait depuis longtemps des quantités considérables de fumier, » étaient très-pauvres en sucre; partant de là, ils ont cherché « s'il n'existerait pas une relation entre la quantité d'azote contenue dans le sol ou dans la betterave, et la proportion de sucre que présente cette racine; et si une betterave qui se développe dans un sol fortement fumé et ayant à sa disposition une quantité exagérée d'engrais azoté, n'aurait pas une tendance à former des substances albumineuses plutôt que du sucre. » En effet, d'après les analyses citées par ces auteurs, une betterave à 5 pour 100 de sucre « contenait environ deux fois plus d'azote que celle qui avait donné 9,5 pour 100 de sucre. Cette observation a été confirmée par l'analyse d'un grand nombre de betteraves obtenues au Muséum, ou recueillies soit à l'Ecole de Grignon, soit dans le département de l'Aisne et dans celui du Nord. »

En résumé, d'après MM. Frémy et Dehérain, « les betteraves riches en sucre sont pauvres en matières albumineuses, tandis que les betteraves qui contiennent une forte proportion de substances azotées renferment peu de sucre. »

D'un autre côté, d'après M. Pagnoul (*Comptes rendus des travaux de la station agricole du Pas-de-Calais*, 1873, p. 5), « la double influence de l'azote et d'une grande distance favorise le

développement, diminue la richesse saccharine, et augmente non-
seulement la proportion relative, mais aussi la proportion absolue
des cendres; » et plus loin (p. 13) : « Ainsi l'azote introduit dans
la deuxième parcelle a complétement modifié la constitution
de la plante en diminuant la proportion du sucre..... L'appau-
vrissement de la plante résulte, au contraire, de l'abus des engrais,
et surtout des engrais azotés. »

M. G. Ville était arrivé à des conclusions analogues (*Les engrais chimiques*, t. II, p. 27, 1869). Il avait constaté que « l'abus
des matières azotées pouvait avoir les inconvénients les plus gra-
ves, et qu'il ne fallait pas dépasser 150 kilogrammes d'azote par
hectare. Or, dans les environs de Lille, où l'on emploie de préfé-
rence le fumier et l'engrais flamand, il arrive souvent que la proportion d'azote s'élève dans les fumures à 300 ou 400 kilogrammes.
Dans ces conditions, la betterave prend un développement exces-
sif, sa racine est caverneuse, son tissu spongieux, et finalement
elle est pauvre en sucre. »

A ce sujet, nous avons rappelé (*Journal des fabricants de sucre*,
nº 4, 1875) que la teneur en sucre des betteraves est généralement en raison inverse du poids des racines, ce qui s'accorde
avec les opinions de MM. Pagnoul, G. Ville, etc.

Aussi recommande-t-on, avec les proportions de fumier ordi-
nairement employées, de semer la betterave après une première année de fumure, lorsque la récolte a enlevé en partie
l'azote.

On peut admettre de plus qu'en présence d'un excès de fumier,
les betteraves absorbent mécaniquement une certaine quantité de
matières azotées. Néanmoins nous avions conclu de nos essais que,
d'une manière générale, la proportion de l'azote contenu dans les
betteraves augmente avec la teneur en sucre, et nous citions à l'appui les résultats suivants obtenus, pendant la dernière campagne
(1874-75), sur des betteraves de diverses provenances, sans tenir
compte du mode de culture ni de la quantité d'azote contenue
dans les engrais :

	Richesse saccharine des racines.	Matières azotées. pour 100 gr. de matière normale.
	15.6	2.4 (azote, 0.35).
	14.0	2.9
	13.6	3.3
	13.3	2.9
	12.4	1.7
1874	12.4	1.9
	11.0	2.2
	11.0	1.6
	10.4	1.3
	9.2	1.3
	8.6	1.1
Mars 1875	12.0	2.9
	11.3	2.2

La contradiction qui existe entre plusieurs chiffres du tableau précédent n'est qu'apparente et provient de l'absence de données sur les quantités et la nature des engrais employés. En effet, il résulte d'un important travail de M. H. Joulie, dont il a bien voulu nous communiquer quelques extraits, que les betteraves, à richesse égale de sucre, contiennent d'autant plus d'azote qu'elles ont été cultivées sur des terrains ayant reçu une plus grande quantité d'engrais azotés.

	Richesse saccharine des betteraves.	Azote sous forme d'engrais par hectare.	Azote pour 100 gr. de matière normale.
1°	11.00	130 kilog.	0.528
	11.06	65	0.352
2°	11.45	65	0.508
	11.59	65	0.387
3°	12.97	65	0.429
	12.53	0	0.264

On peut conclure de là qu'il est nécessaire de tenir compte de la proportion d'azote apportée par les engrais, pour établir un rapport entre la richesse saccharine et la teneur en azote des racines.

En groupant les résultats d'analyse obtenus par M. H. Joulie, on obtient le tableau suivant :

	Richesse saccharine des racines.	Azote pour 100 gr. de better.
Parcelles n'ayant pas reçu d'azote	12.53	0.264
	13.58	0.308
	15.24	0.515
Parcelles ayant reçu 65 kilog. d'azote par hectare.	11.06	0.352
	11.59	0.387
	12.97	0.429
	14.98	0.472

Ces chiffres confirment pleinement la loi que nous avions admise, et pour préciser davantage nous dirons que, sur un même terrain et pour une même dose d'azote dans l'engrais, les betteraves contiennent d'autant plus d'azote qu'elles sont plus riches en sucre.

Rapport entre les quantités d'azote et de sucre contenues dans les betteraves.
(Septembre 1875.)

Cultures de MM. Vilmorin, Andrieux.	Nature des racines.	Sucre pour 100 grammes de betteraves.	Azote pour 100 grammes de la matière normale.
1° Même terrain (42k azote, et 96k d'acide phosphor.	Vilmorin, améliorée, à sucre.	12.6	0.185
	Collet rose, — à sucre.	8.4	0.160
	Globe jaune (fourragère)...	6.2	0.120
2° Terre forte, récolte sur 2e année de fumure.	Vilmorin, améliorée, à sucre.	12.5	0.168
	Collet rose, — à sucre.	8.9	0.170
	Globe jaune (fourragère)...	5.4	0.113
3° Betteraves fourragères (même terrain).	Jaune d'Allemagne.......	7.5	0.150
	Jaune ovoïde des Barres...	6.2	0.106
	Disette d'Allemagne rose...	6.1	0.096
	Disette blanche, collet vert..	6.4	0.085

Quantités d'azote contenues dans les différentes parties d'une betterave.

	Azote pour 100 grammes de matière normale.	
	1	2
Collets............	0.50	0.295
Extrémités des racines.....	0.55	0.260

On sait en effet que dans les collets il y a une proportion plus élevée de matière étrangère au sucre.

	Azote pour 100 grammes de matière normale.	Sucre pour 100 grammes de matière normale.
Parties opaques d'une même tranche.	0.265	11.27
— transparentes —	0.230	10.00

Ces résultats s'accordent avec la loi que nous avons établie sur la teneur en azote des betteraves à différente richesse saccharine.

Comme suite à ce qui précède, il y avait lieu de chercher s'il existait dans les racines un rapport entre la production du sucre et celle des matières azotées.

	Richesse saccharine.		Azote pour 100 g. de sucre.
1874. . . .	14.4		3.1
	14.0		3.2
	13.6		3.8
	12.4		2.4
	11.0		2.7
	10.4		1.8
	9.1		1.7
	9.2		2.1
	8.6		1.9
Mars 1875. . . .	12.0		3.7
	11.5		3.0
D'après les résultats de M. Joulie.	12.53	Terrains n'ayant pas reçu d'azote.	2.10
	13.58		2.26
	15.24		3.57
	11.06	Terr. ayant reçu 65 kil. d'azote par hectare.	5.18
	12.97		5.31 (1)

D'où l'on conclut que, dans les betteraves à richesse élevée, 100 grammes de sucre correspondent à une plus grande proportion de matières azotées que dans les betteraves pauvres.

D'après nos essais, la quantité d'ammoniaque contenue dans les betteraves est en raison inverse de la richesse saccharine (2).

Richesse de la betterave.	Ammoniaque pour 100 g. de matière normale.
11.3	0.0052
11.3	0.0068
9.0	0.0070
9.0	0.010 (3)

	Sucre pour 100 de betteraves.	Matières azotées.
(1) D'après MM. Joulie..	10 à 13	2.4
Renard..	9.0	1.1
Péligot (Basset, p. 92)..	4.2	1.0
—	7.3	0.8
—	10.0	1.8
—	11.9	1.6
Payen.. . . . . , ...	10.5	1.1 à 1.5

(2) Pour doser l'azote contenu dans les jus sous forme de sels ammoniacaux, il est nécessaire d'employer le procédé de M. Boussingault, c'est-à-dire de distiller le liquide en présence de la magnésie et non de la potasse. En effet, le jus traité par l'acétate de plomb tribasique et le tannin, renferme encore des matières azotées dont la proportion varie suivant la quantité primitive. Ces matières azotées non précipitées sont attaquées par la potasse et donnent de l'ammoniaque.

(3) Les quantités d'ammoniaque peuvent varier avec les proportions d'azote (organique, ammoniacal, ou nitrique) contenu dans le sol.

D'après M. A. Renard :

Richesse de la betterave.	Ammoniaque pour 100 grammes de matière normale.
9.2	0.007
8.9	0.011
8.6	0.015

On observe la même variation dans le jus des cannes (voir appendice).

Dans les feuilles, l'ammoniaque varie dans la proportion de 0,015 à 0,020; la graine de betteraves ne paraît pas contenir de sels ammoniacaux.

Rapports entre la teneur en azote des betteraves et du jus.

Sucre pour 100 dans la betterave.	Sucre pour 100 cc. de jus.	Azote pour 100 des betteraves.	Azote pour 100 cc. de jus.	Matières azotées pour 100 cc. de jus.
14.4	16.0	0.45	»	»
13.9	15.5	0.37	0.29	1.88
13.9	15.5	0.45	0.21	1.33
12.4	13.7	0.30	0.24	1.56
11.0	12.2	0.30	»	»
10.4	11.5	0.19	»	»
9.7	10.5 (1)	0.17	0.12	0.78

Azote rapporté à 100 grammes de sucre contenu dans la betterave et le jus.

Sucre pour 100 grammes de betterave.	Azote pour 100 grammes de sucre dans la betterave.	Sucre pour 100 cent. cubes de jus.	Azote pour 100 grammes de sucre à l'état de jus.
13.9	2.6	15.5	1.8
13.9	2.9	15.5	1.5
12.4	2.4	13.7	1.6
9.7	1.7	10.5	1.1

On déduit de ces tableaux que les jus contiennent d'autant plus de matières azotées que la richesse saccharine est plus élevée.

Aussi, dans l'épuration des jus sucrés au moyen de la chaux, qui a pour but de coaguler, du moins en partie, les matières azotées, doit-on employer une quantité de chaux proportionnelle à la teneur en sucre. Dans la pratique, si on admet, comme on le

(1) Pour obtenir la teneur en sucre dans la betterave, connaissant celle du jus pour 100 centimètres cubes, on divise ce chiffre par la densité du jus, et on multiplie par le coefficient 96/100, qui représente la quantité moyenne de jus renfermée dans les betteraves.

fait généralement, que les jus doivent être travaillés à une densité moyenne de 1040, la quantité de lait de chaux devant correspondre au nombre d'hectolitres de jus, il suffira d'ajouter à la râpe le volume d'eau nécessaire pour obtenir la densité voulue, sans modifier la proportion de chaux.

Lorsques les betteraves sont altérées, les matières azotées qu'elles renferment subissent certaines modifications et perdent en partie la propriété de se coaguler sous l'influence de la chaux et de la chaleur.

Essai sur des betteraves altérées.

```
Sucre dans la betterave. . . . . . . . .   7.630 pour 100.
Azote dans la betterave. . . . . . . . .   0.233
  —    dans le jus. . . . . . . . . . . .   0.162
  —    dans le jus carbonaté.. . . . . . .   0.152
```

Soit :

```
Azote pour 100 de sucre dans la betterave. .   5.050
  —                   dans le jus normal. .   1.950
  —                   dans le jus carbonaté.  1.520 (d'après M. Barbet).
```

Dans l'exemple ci-dessus, les matières azotées éliminées ne représentent qu'une faible fraction de celles que contient le jus normal, soit 22 pour 100, tandis qu'avec des betteraves de bonne conservation, lorsque le jus normal renferme 2 à 3 grammes d'azote par 100 grammes de sucre, il en passe dans le jus carbonaté environ 1 gramme à $1^g,6$; soit une élimination de 40 à 50 pour 100.

Nous avons constaté d'un autre côté que les masses cuites pures et donnant des rendements élevés ne contiennent que de petites quantités d'azote.

Exemples :

```
                                                              Azote
                                                            pour 100
Masse cuite.                                                de sucre.

85 p. 100 de sucre (rendement, 85ᵏ à l'hectolitre), gros cristaux.  0.6
82      —          (qualité ord., rendement moyen : 72 à 78). . .   1.3
77      —          (gommeuse, rendement : 65 à 72. . . . . .        1.6
```

*Rapports entre la richesse saccharine des betteraves et la quantité
de substances minérales qu'elles renferment.*

Les résultats ci-joints ont été obtenus sur des racines cultivées
avec et sans engrais organiques et minéraux.

Richesse en sucre des betteraves.	Cendres pour 100 grammes de betteraves.	Poids des cendres rapporté à 100 grammes de sucre.
14.4	1.05	7.2
13.6	1.13	8.2
13.3	0.95	7.1
13.1	0.93	7.2
12.7	1.06	8.2
12.0	0.94	7.8
11.8	0.90	7.6
11.2	0.93	8.2
11.0	0.77	7.0
10.6	1.10	8.1
10.4	0.74	7.1
	Moyenne.	7.6

Il résulte de la comparaison de ces chiffres que, pour une richesse
variant de 10 à 14, 100 grammes de sucre contenus dans les betteraves correspondent sensiblement au même poids de cendres (1).

Nous avons dit précédemment que 100 grammes de sucre correspondent en moyenne au même poids de cendres totales (racines et
feuilles), déduction faite de l'acide carbonique. On en conclut que
plus la betterave contiendra de sucre, plus le poids des feuilles
sera considérable, celles-ci donnant en général un poids de cendres
sensiblement constant.

En effet :

1° Soit une betterave à 8 pour 100 de sucre : on sait que
100 grammes de sucre correspondent en moyenne à 14^g,3 de
cendres totales (racines et feuilles), soit, pour 8 grammes de
sucre, cendres = 1^g,14.

D'un autre côté, d'après le tableau (p. 41), 100 grammes de sucre
correspondent à 6^g,5 de cendres dans la betterave, soit, pour
8 grammes, cendres = 0^g,520 ; d'où cendres contenues dans les
feuilles = 0^g,624.

(1) Ce poids paraît diminuer sensiblement quand la richesse saccharine augmente.

2° Betteraves à 15 pour 100 de sucre, dont les cendres totales représentent $\frac{100^{gr}\ sucre}{14^{g},5\ cendres} :: \frac{15}{x} = 2^{g},14$; si nous déduisons les cendres contenues dans la betterave, et représentant (d'après le tableau p. 41) en moyenne 4 grammes de cendres pour 100 de sucre, on aura pour 15 grammes de sucre : cendres $= 0^{g},6$, d'où cendres contenues dans les feuilles : $2^{g},14 - 0^{g},6 = 1^{g},54$.

Rapports entre la richesse saccharine des jus et la quantité de substances minérales qu'ils renferment (1).

Richesse du jus.	Cendres pour 100 centimètres cubes de jus.	Poids des cendres rapporté à 100 grammes de sucre, ou quotient salin.
16.2	0.78	4.7
14.9	0.81	4.8
14.7	0.73	5.3
14.2	0.78	5.4
13.4	0.77	5.9
13.2	0.75	6.2
12.5	0.77	6.1
12.2	0.79	6.1
11.8	0.76	6.5
11.7	0.79	6.8
11.5	0.80	6.9
10.7	0.73	12.3
9.9	0.72	14.5
9.7	0.71	15.6
8.0	0.76	12.2

On déduit de ces chiffres que le quotient salin des jus diminue à mesure que la richesse saccharine augmente, et que le poids des cendres contenues dans un jus, pour une même nature de graines, n'éprouve que de légères variations, quelle que soit la nature de l'engrais.

Plusieurs agronomes ont admis que les betteraves riches enlèvent au sol moins de sels que les betteraves pauvres ; mais ils ne tenaient pas compte des feuilles ; or nous avons montré précédemment que 100 kilogrammes de sucre correspondent à un poids sensiblement constant de cendres ; la quantité de sels enlevés est donc proportionnelle à la production en sucre : mais, d'un autre côté, le quotient salin des jus variant en raison inverse de leur richesse saccharine, on en déduit que dans le cas de betteraves

(1) Les betteraves qui ont fourni ces résultats appartenaient à la même variété et avaient été cultivées sur un champ d'expériences avec divers engrais.

riches, il y aura une plus grande quantité de sels rendus au sol, par les feuilles et le fumier, que pour des betteraves pauvres.

Richesse en sucre du jus et quantité de cendres.

Si d'une manière générale, et sans tenir compte de la variété de la betterave, on cherche le rapport entre la richesse saccharine des jus et le poids des cendres qu'ils contiennent, on trouve que ce poids paraît varier en raison inverse de la teneur en sucre, même à diverses époques de la végétation.

Les chiffres ci-dessous représentent les résultats extrêmes d'un grand nombre d'analyses sur diverses graines :

Époques d'arrachage.	Richesse du jus en sucre,	Cendres pour 100 cent. cubes de jus.
3 septembre	9.70	1.52
	11.80	1.00
	12.00	1.28
	13.20	0.78
16 septembre	17.00	0.70
	14.70	0.79
	13.40	0.80
	13.20	0.83
26 septembre	18.40	0.58
	17.60	0.62
	17.00	0.58
	16.60	0.59
	15.50	0.67
	15.30	0.63
	15.10	0.71
	13.20	0.73
	11.60	1.00
	10.10	0.98
	8.66	1.16

Il ne paraît pas y avoir de relation entre le poids de cendres, du jus et de la racine ; exemple :

Sucre pour 100 gr. de betteraves.	Sels pour 100 de betteraves.	Sels pour 100ᶜᶜ de jus.
13.6	1.13	0.81
13.3	0.95	0.73
13.1	0.93	0.79
12.0	0.94	0.80
11.8	0.90	0.83
11.0	0.77	0.73
10.4	0.74	0.80

M. Pagnoul a constaté que plus les betteraves sont riches en sucre, moins les cendres renferment de sels alcalins (carbonates et chlorures).

		Cendres alcalines.	Sucre pour 100 cent. cubes. de jus.
A Moyenne des	2 lots les plus riches. . . .	0.469	11.50
B —	12 lots les plus riches. . . .	0.558	9.75
C —	15 lots les plus pauvres.. . .	0.665	8.22
D —	3 lots les plus pauvres.. . .	0.678	7.13 (1)
Autres essais.		0.407	12.60
—		0.694	10.60
—		0.774	10.20
—		0.827	5.40

D'après M. Dubrunfaut (p. 139, *le Sucre*), « si l'on prend les titres mélassimétriques, qui suivent à peu près l'ordre des titres alcalimétriques, on les trouve le plus souvent inverses des titres du sucre extractible. »

Dans un rapport sur la diminution du sucre dans les betteraves (p. 230, *Journal d'agriculture pratique*, 1853), Payen avait déjà constaté ce fait et disait : « Ainsi donc, les betteraves les plus pauvres, non-seulement donnaient plus de cendres, mais encore celles-ci renfermaient des proportions sensiblement plus fortes de sels alcalins... »

Quantités d'alcalis (potasse et soude) contenues dans les engrais et dans les betteraves. (Tableau déduit des expériences de M. H. Joulie.)

	Richesse saccharine. des racines.	Quantité d'alcalis. ajoutée par hectare.	Alcalis (potasse et soude) dans 100 grammes de betterav. normale.
1	11.06	120 kilog.	0.517
	11.00	340	0.592
2	11.59	170	0.480
	11.67	498	0.738

D'où l'on déduit que : pour une même richesse en sucre, les betteraves renferment d'autant plus d'acide phosphorique que les engrais en contiennent une proportion plus élevée.

(1) *Journal des fabricants de sucre*, 4 mars 1875.

Relation entre la quantité d'alcalis (potasse et soude) contenue dans les betteraves et leur richesse saccharine. (Tableau déduit des expériences de M. H. Joulie.)

	Richesse saccharine.	Potasse et soude pour 100 grammes de matière normale.
Parcelles n'ayant pas reçu d'alcalis.	13.58	0.640
	14.98	0.415
	15.24	0.385
Parcelles ayant reçu 170 kilogrammes d'alcalis.	11.45	0.494
	11.59	0.480
	13.11	0.291

La proportion des alcalis diminue donc à mesure que la richesse en sucre s'élève.

Quantités d'acide phosphorique contenues dans les engrais et dans les betteraves. (Tableau déduit des expériences de M. H. Joulie.)

	Richesse saccharine des racines.	Quantité d'acide phosphorique ajoutée par hectare.	Acide phosphorique dans 100 grammes de betterave normale.
1	11.59	65 kilog.	0g.061
	11.67	192	0 .111
2	12.97	»	0 .039
	12.53	65	0 .071
3	14.98	»	0 .054
	15.24	130	0 .086

D'où l'on déduit que pour une même richesse en sucre, les betteraves renferment d'autant plus d'acide phosphorique que les engrais en contiennent une proportion plus élevée.

Relation entre l'acide phosphorique contenu dans les betteraves et leur richesse saccharine. (Tableau déduit des expériences de M. H. Joulie.)

	Richesse saccharine. des racines.	Acide phosphorique dans 100 grammes de matière normale.
N° 1. Parcelles n'ayant pas reçu d'acide phosphorique. .	12.97	0.042
	13.01	0.039
	14.98	0.054
N° 2. Parcelles ayant reçu par hectare 65 kilogrammes d'acide phosphorique. .	11.06	0.042
	11.45	0.048
	11.59	0.060
	12.52	0.071
N° 3. Parcelles ayant reçu par hectare 130 kilogrammes d'acide phosphorique. .	11.00	0.053
	13.24	0.086

D'où l'on déduit que plus les betteraves sont riches et plus elles renferment d'acide phosphorique (1).

Rapport entre la richesse saccharine des jus de betteraves et la quantité de glucose qu'ils renferment.

	Richesse saccharine du jus.	Glucose pour 100 cent. cubes de jus.	Quotient glucose (glucose rapporté à 100 grammes desucre).
	14.00	0.190	1.3
	11.28	0.300	2.6
	11.20	0.120	1.0
	10.50	0.590	5.6
Septembre 1875.	9.80	0.494	5.0
Diverses natures	8.90	0.960	10.7
de betteraves.	7.70	0.660	8.5
	7.10	0.720	10.1
	6.82	0.440	6.4
	6.76	0.710	10.5
	6.25	0.580	9.2

Classement par nature de terrains.

	Richesse saccharine du jus.	Glucose pour 100 cent. cubes de jus.	Quotient glucose (glucose rapporté à 100 grammes desucre).
	14.00	0.190	1.3
1°	9.80	0.494	5.0
	6.76	0.710	10.5
	11.28	0.300	2.6
2°	10.50	0.590	5.6
	8.90	0.960	10.7
	77.00	0.660	8.5
Mêmes betteraves.	6.82 Extrémités.	0.440	6.4
	6.25 Collets.	0.580	9.2

STRUCTURE DE LA BETTERAVE.

Nombre de zones.

Payen, dans ses remarquables travaux sur la physiologie végétale, en décrivant la structure de la betterave, a constaté sur une section perpendiculaire à l'axe, l'existence de zones alternatives opaques et transparentes, dont les premières sont plus abondantes dans les betteraves riches en sucre.

A l'aide d'un examen attentif, et surtout si on emploie des

(1) Nous ferons remarquer que, d'après les analyses indiquées page 51, la proportion la plus élevée d'acide phosphorique contenu dans les cendres des graines de betteraves, correspond à la graine Vilmorin améliorée.

tranches minces de betteraves roses, après quelques minutes d'exposition à l'air, on voit que les zones indiquées par Payen peuvent être subdivisées chacune en deux zones différentes, séparées deux à deux par une série de points noirs (tubes) disposés en forme de cercles et paraissant correspondre aux feuilles.

1° Zone opaque; 2° zone transparente; 3° zone opaque; 4° zones du tissu vasculaire.

Rapport entre la richesse des betteraves, le nombre de zones et le nombre de feuilles.

La richesse saccharine, le nombre des feuilles et celui des zones, paraissent liés par des rapports constants comme on le voit dans le tableau suivant :

	Sucre pour 100 cent. cubes de jus.	Nombre de feuilles par racines.	Nombre de zones.
Même graine (Vilmorin)...	15.7	42	48
	14.8	39	36
	13.8	31	32
Graine ordinaire des sucreries.	12.2	23	28
	11.5	19	20

Walkhoff (édition 1874, p. 114) avait déjà indiqué, d'après les travaux de M. Bretschneider, qu'il existe une relation entre le nombre de feuilles et la quantité des couches concentriques.

D'après Gaudichaud (Dubrunfaut, p. 268, *le Sucre*), « toutes les feuilles de betteraves correspondent directement avec les diverses zones de vaisseaux des racines, de telle sorte que l'apparition de nouvelles feuilles doit toujours donner naissance à de nouveaux vaisseaux. »

Distribution du sucre dans la betterave suivant la hauteur.

Ainsi que l'a démontré M. Ch. Viollette, pour un même sujet la teneur en sucre est différente à diverses hauteurs, et la quantité de sucre est d'autant plus grande qu'on s'approche davantage de la partie inférieure de la racine.

Exemple : une betterave coupée en sept tranches à partir du collet a donné les résultats suivants (1) :

(1) *Dosage du sucre par les liqueurs titrées*, par M. Ch. Viollette, p. 54.

Sucre pour 100 grammes.

	Sucre pour 100 grammes.
1re tranche	10.42
2e —	10.54
3e —	10.70
4e —	10.80
5e —	10.94
6e —	11.11
7e —	11.35

Distribution du sucre dans la betterave sur une section perpendiculaire à l'axe.

D'après M. Péligot (1) :

Partie centrale, matière sèche. . . . . 11g.4 (a)
Cendres pour 100 grammes de matière sèche. . . . . . . 9 .7
(Correspondant à quotient salin. . . . . 16 .4)
Près de la périphérie, matière sèche. . . . . 14 .0 pour 100 (b)
Cendres pour 100 grammes de matière sèche. . . . . . 7 .4
(Correspondant à quotient salin. . . . . 12 .3)

M. Viollette a également constaté que la quantité de sucre variait du centre à la circonférence d'une même couche (2).

Distribution du sucre suivant les zones.

Même betterave.

Zones translucides. Sucre pour 100.	Zones opaques. Sucre pour 100.
14.5	15.7
13.4	15.5
10.0	11.2

Composition des zones translucides et opaques d'une même betterave.

	Sucre.	Cendres.	Quotient salin.	Azote pour 100 gr. de mat. norm.	Matières azotées pour 100 gr. de mat. norm.	Matières azotées pour 100 gr. de sucre.
Zones opaques. . .	11.27	0.63	5.5	0.263	1.643	14.5
— translucides .	10.00	0.84	8.4	0.230	1.430	14.3

Quantité de sels contenus dans les collets et dans les extrémités des racines. — La quantité de sels par rapport à 100 kilogrammes de sucre est différente dans le collet et dans l'extrémité d'une même racine, ainsi que l'ont constaté divers auteurs.

(1) *Comptes rendus* (1875).
(a) Soit environ : sucre, 6.8 pour 100.
(b) Soit : sucre, 8gr,4.
(2) *Dosage du sucre par les liqueurs titrées*, par M. Ch. Viollette, p. 50.

D'après nos essais :

	Collet.	Extrémité de la racine.
Eau.	86.64	84.48
Sucre.	7.50	9.70
Cendre.	1.02 ⎱ 6.06	1.26 ⎱ 5.82
Matières organiques. . .	5.04 ⎰	4.56 ⎰
	100.00	100.00
Quotient salin.	15.90	12.90

On voit que dans les collets le sucre diminue, tandis que la
proportion d'eau augmente, et que la quantité de matières étrangères (sels et matières organiques) ne varie que faiblement pour
100 grammes de racines.

De la forme et de la grosseur des betteraves.

Nous admettrons, comme principe, qu'une graine donnée, lorsqu'on la place dans les mêmes conditions de culture, tend à produire le même poids de sucre. Ceci posé, lorsque les racines sont
rapprochées, leur développement au-delà de certaines limites est
en quelque sorte entravé, et elles acquièrent une forme allongée
qui leur permet d'aller plus avant dans le sol chercher les principes nécessaires ; en même temps, les feuilles prennent un plus
grand développement aux dépens des substances nutritives et des
sels absorbés par les radicelles ; c'est ainsi d'ailleurs qu'on a
cherché à expliquer l'effet nuisible de l'effeuillage pendant la
végétation. et il est à remarquer que les sels contenus dans
les feuilles et les racines varient en quantité suivant leur diffusibilité (1).

(1) « Dubrunfaut attribue à une action osmotique la différence de richesse saccharine des utricules appartenant aux couches opaques et de ceux qui correspondent aux vaisseaux » (Walkhoff, p. 143, édition 1874). — « Dubrunfaut admet que
les grosses racines sont généralement d'une qualité inférieure aux petites, et
donne de ce fait l'explication suivante : les tissus vasculaires qui correspondent
aux feuilles, siége de la sécrétion saccharine, et aux fibres radicellaires qui pui-
sent dans le sol les substances salines, sont les canaux qui fournissent aux cellules
par endosmose les matériaux qui y sont mis en réserve pour les besoins de la seconde végétation. Le rapport de ces canaux aux cellules étant plus petit dans les
grosses que dans les petites racines, on comprend que les cellules de ces dernières soient relativement mieux appropriées en matériaux nutritifs que les cellules des racines plus développées. » (Walkhoff, p. 139, édition 1874.)
(*Note des traducteurs :* MM. Merijot et Gay-Lussac.)

On sait en outre, d'après les travaux de MM. Péligot et Ch. Viollette, qu'on rencontre dans les feuilles une grande quantité de chlorures alcalins et que la proportion de chlorures dans les racines augmente à mesure qu'on approche du collet. D'ailleurs, on ne doit pas oublier que le mode de culture exerce une grande influence sur la forme de la betterave ; et on a reconnu que des betteraves en forme de toupie, sur un mauvais terrain, se modifiaient par suite de l'espacement et de labours profonds, et prenaient une forme allongée en même temps que la teneur en sucre augmentait (1).

Des betteraves racineuses.

MM. Péligot et Leplay admettent que les betteraves racineuses sont plus riches que les betteraves pivotantes. En effet, on peut considérer une betterave racineuse à deux dents comme formée par la réunion de deux petites betteraves accolées, qui devront contenir plus de sucre qu'une seule betterave pivotante d'un poids égal, la richesse étant en quelque sorte proportionnelle au poids de la racine pour une même variété. Néanmoins, les betteraves racineuses ne doivent pas être recherchées, attendu qu'elles sont d'un arrachage difficile, et qu'elles occasionnent des pertes dans les appareils destinés au lavage, par suite de la facilité avec laquelle les parties allongées se brisent pendant cette opération.

Influence de la graine et du terrain sur la forme de la betterave.

Indépendamment du mode de culture, la nature de la graine modifie la forme de la betterave : ainsi, sur un même terrain d'essai, nous avons obtenu des betteraves racineuses avec la graine améliorée de M. Vilmorin, tandis que la graine de M. Simon Legrand, dans les mêmes conditions, donnait des racines pivotantes.

D'un autre côté, M. Ch. Viollette a constaté que la nature seule du terrain exerce aussi une action sur la forme de la racine (*Comptes rendus de l'Académie*, 8 février 1875).

(1) D'après MM. M. et H. Le Docte, « les variétés à petites feuilles, connues sous les noms de *toupies* ou *demi-toupies*, occupent le premier rang quant au rendement en poids et sont reléguées au dernier rang pour leur richesse saccharine. » (*Journal des fabricants de sucre*, n° 46, jeudi 25 février 1875.)

Causes qui modifient la forme racineuse des betteraves.

On sait que la graine Vilmorin améliorée produit souvent des betteraves racineuses : MM. Vilmorin-Andrieux et Cie pensent qu'on peut obvier en grande partie à cet inconvénient en suivant les prescriptions qu'ils ont indiquées :

« 1° Bonne préparation et défoncement du sol. Les racines latérales ne prennent en effet jamais beaucoup de développement quand la racine principale ne rencontre pas d'obstacles à son allongement.

« 2° Semis assez serré pour qu'il reste environ 10 racines par mètre carré. Avec notre race, qui est toujours assez petite, ce nombre n'est pas exagéré et il permet d'obtenir de 40 à 50 000 kilogrammes de racines en bonne terre bien fumée. Les racines cultivées serrées, pourvu que la terre soit défoncée profondément, sont plus longues et mieux faites que si elles étaient clair-semées.

« Il faut bien remarquer du reste qu'une peau trop lisse, des formes trop arrondies et une absence presque complète de racines secondaires ne se rencontrent jamais réunies à une grande richesse en sucre.

« Les racines les plus serrées sont celles qui sont bien enterrées, qui s'amincissent lentement depuis le collet jusqu'à la pointe et qui ont des feuilles nombreuses et une peau rugueuse. »

Rapport entre la densité des jus et leur richesse saccharine
à diverses époques.

SUCRE POUR 100 DE JUS.

Densité.	Du 1er à fin juillet.	Fin juillet au 20 août.	20 août au 10 septembre.	10 septembre à fin septembre.
1 035 à 1 037	5.5	6.0	5.7	»
1 038 à 1 040	6.5	6.7	»	6.7
1 041 à 1 045	7.5	7.6	»	7.9
1 046 à 1 050	7.7	8.3	8,2	9.5
1 051 à 1 052	»	9.5	9.5	10.0
1 053 à 1 055	»	10.2	10.5	11.2
1 056 à 1 058	»	11.1	10,7	11,9
1 059 à 1 062	»	11.6	12.0	12.5
1 063 à 1 065	»	12.2	12.6	13-3
1 066 à 1 068	»	13.5	13.7	13.8
1 069 à 1 072	»	14.2	15.0	15.2
1 073 à 1 074	»	15.7	16.0	16.2
1 075 à 1 077	»	»	17.0	18.0
1 078 à 1 080	»	»	18.0	18.5

Les résultats ci-joints sont confirmés par les recherches antérieures de MM. H. Le Corbeiller, Corenwinder, Pagnoul, Leloup, et le tableau qui précède a été établi sur deux cents analyses effectuées sur des betteraves d'origine française et étrangère et provenant de graines diverses, cultivées avec ou sans engrais sur différents terrains.

On voit que, suivant l'époque, une même densité correspond à des quantités de sucre différentes; le quotient de pureté (1) augmente à mesure que la betterave approche de la maturité, et la densité du jus suit une marche ascendante et proportionnelle.

Des jus ayant pour densité, au mois de juillet, 1050, avaient en moyenne un quotient de pureté (2) variant de 0,64 à 0,66; fin août, 0,72 à 0,73; et à l'époque de la maturité, 0,75 à 0,80.

D'autres, dont la densité était 1075 à 1077, avaient en moyenne, à l'époque de la maturité, pour quotient de pureté 0,95 à 0,96.

Pendant la conservation des betteraves, le quotient de pureté diminue progressivement suivant l'altération des racines.

Les différences considérables que l'on rencontre dans quelques ouvrages, entre la densité et la quantité correspondante de sucre, proviennent sans doute de la comparaison d'analyses faites à des époques différentes ou sur des betteraves cultivées dans des conditions anormales.

Rapports entre la densité et la richesse saccharine des jus
de betteraves.

Pour déterminer la richesse saccharine des jus, connaissant la densité, on multipliera les degrés densimétriques par les coefficients suivants :

(1) Le quotient de pureté est le rapport entre la quantité de sucre correspondant à la densité du jus supposé pur d'après le tableau de Balling (voir à l'appendice), et la teneur réelle en sucre déterminée directement. Nous verrons plus loin que, pour obtenir des chiffres exacts, il est nécessaire d'établir le quotient de pureté par le rapport entre l'extrait sec et la teneur en sucre du jus, et qu'on ne doit estimer la valeur des betteraves, à l'aide du coefficient de pureté, que sur le jus convenablement épuré.

(2) Par la densité.

		Coefficients		
---	---	D'après M. Durin (1).	D'après MM. Champion et Pellet.	Moyenne.
Densité de	1040 à 1045 (4°,0 à 4°,5. B°). . .	1.74	1.72	1.73
—	1045 à 1050 (4°,5 à 5°,0). . . .	1.99	1.84	1.91
—	1050 à 1055 (5°,0 à 5°,5). . . .	2.03	2.00	2.02
—	1055 à 1060 (5°,5 à 6°,0). . . .	2.08	2.08	2.08
—	1060 à 1070 (6°,0 à 7°,0). . . .	2.15	2.12	2.13
—	1070 et au-dess. (7° et au-dess.). . . .	»	2.15	2.15
—	1080 — (8° —). . . .	»	2.31	2.31

Soit un jus ayant pour densité 6°,7, on aura 6°,7 $\times$ 2,13 = 14,27 pour 100 de sucre.

D'après la moyenne des coefficients, et par interpolation, nous avons construit le tableau suivant (2) :

Rapport entre la densité et la richesse saccharine des jus de betteraves (3).

Densité (4).	Sucre pour 100cc.	Densité.	Sucre pour 100cc.	Densité.	Sucre pour 100cc.
1035	6.0	1054	10.9	1073	15.9
1036	6.2	1055	11.2	1074	16.2
1037	6.4	1056	11.5	1075	16.5
1038	6.6	1057	11.8	1076	16.8
1039	6.8	1058	12.0	1077	17.0
1040	7.0	1059	12.3	1078	17.3
1041	7.3	1060	12.5	1079	17.5
1042	7.6	1061	12.8	1080	17.7
1043	7.9	1062	13.1	1081	18.0
1044	8.2	1063	13.3	1082	18.3
1045	8.5	1064	13.6	1083	18.7
1046	8.8	1065	13.8	1084	19.0
1047	9.0	1066	14.1	1085	19.3
1048	9.3	1067	14.3	1086	19.6
1049	9.5	1068	14.5	1087	20.0
1050	9.7	1069	14.7	1088	20.3
1051	10.0	1070	15.0	1089	20.7
1052	10.3	1071	15.3	1090	21.0
1053	10.6	1072	15.6	1091	21.5 (5)

(1) *Comptes rendus de l'Académie des sciences*, 1875.

(2) Les coefficients sont exacts pour la moyenne entre 1055 et 1060 par exemple ; mais entre 1059 et 1060, le coefficient est plus élevé qu'entre 1054 et 1056.

(3) La nature des engrais et du terrain, ainsi que l'humidité de l'année, exercent une certaine influence sur le rapport entre la densité et la richesse saccharine des jus : on devra donc, au commencement de chaque campagne, faire un nombre suffisant de dosages directs du sucre, pour déterminer la constante applicable au tableau précédent.

(4) Densité ramenée à la température de 4 degrés. Voir à l'Appendice la correction de la densité des jus suivant la température.

(5) Dans le jus provenant de betteraves qui n'ont pas atteint leur maturité, le rapport entre la densité et la richesse saccharine n'est plus la même.

Lorsque les betteraves ne sont pas arrivées à maturité, on ne trouve plus les mêmes rapports entre la densité et la richesse saccharine :

Influence des pluies au moment de la maturité des racines.

Lorsque les betteraves ont subi pendant plusieurs jours l'action des pluies vers la fin de leur maturité, le quotient salin ainsi que le quotient de pureté et la richesse du jus diminuent.

Betteraves arrachées le 31 août.		Mêmes betteraves arrachées le 16 septembre après quelques jours de pluie.	
Sucre pour 100 cent. cubes de jus.	Quotient salin.	Sucre pour 100 cent. cubes de jus.	Quotient salin.
16.8	3.8	14.4	4.7
16.2	4.0	13.1	5.3
14.7	6.1	12.7	5.4
14.7	5.3	12.0	5.5

(première série : 4.8 ; seconde série : 5.2)

Dans ces expériences, quelques betteraves avaient augmenté de poids et perdu en richesse ; mais l'excès de poids des racines n'équivalait pas à la perte en sucre.

Lorsque les betteraves sont serrées, l'action des pluies paraît se manifester spécialement sur le développement des feuilles. Dans le cas d'une culture espacée, les betteraves grossissent rapidement et leur richesse saccharine diminue progressivement.

Les pluies soutenues modifient la constitution même du végétal et donnent naissance à de nouvelles feuilles qui se développent en partie aux dépens du sucre, tandis que la proportion des matières étrangères augmente dans la betterave.

Exemple :

	Densité.	Sucre pour 100 cent. cubes.	Quotient de pureté (par la densité).
Jus de betteraves.	1078	18.2	0.87
Jus provenant des mêmes betteraves après les pluies.	1080	16.2	0.76

Mathieu-Dombasle et Walkhoff ont fait des observations analogues.

Lorsque les betteraves approchent de leur maturité, vers la fin du mois d'août, il est utile de se rendre compte fréquemment de leur richesse saccharine et de procéder à l'arrachage dès que cette richesse est suffisante ; mais il est évident que cette méthode peut-être nuisible aux intérêts des cultivateurs, la betterave n'ayant pas toujours à cette époque son poids maximum. Il n'en serait plus de même si les betteraves étaient vendues d'après leur teneur en sucre, ce qui permettrait de sauvegarder les intérêts des cultivateurs et des fabricants de sucre.

Comparaison entre le quotient de pureté obtenu par la densité et par l'extrait sec.

Le quotient de pureté des jus déterminé à l'aide de la densité n'est pas toujours en rapport avec celui que l'on obtient par l'extrait sec (1), en raison de l'influence différente exercée sur le densimètre par les matières étrangères, de composition variable, que renferme le jus.

Exemple .

	Sucre pour 100 cent. cubes de jus.	Quotient de pureté Balling.	Quotient de pureté par l'extrait sec.
Même graine. . . .	16.2	0.84	0.75
	15.3	0.83	0.74
	14.9	0.84	0.71
	14.7	0.79	0.70
	14.2	0.78	0.72
	13.4	0.77	0.70
	13.2	0.75	0.69
Autre graine. . . .	11.7	0.79	0.74
	11.5	0.80	0.54

(1) Le quotient de pureté par l'extrait sec s'obtient comme suit : on évapore un volume déterminé de jus (20 centimètres cubes) en présence de 4 à 5 grammes de silice sèche et on pèse le résidu sec. On dose, d'autre part, la quantité de sucre renfermée dans 100 centimètres cubes de jus.

Exemple. — Soit un jus renfermant 12 pour 100 de sucre et ayant donné, pour 20 centimètres cubes de jus évaporé, $2^g,8$ de résidu sec.

$$\frac{100^{cc}\ \text{jus}}{12^g\ \text{sucre}} = \frac{20^{cc}}{x}\, ; \ x = 2^g,4\ \text{sucre et}\ \frac{2^g,8\ \text{résidu sec}}{2^g,4\ \text{sucre}} = \frac{100}{x}\, ; \ x = 85.7,\ \text{quo-}$$

tient de pureté (ou 0.857 en rapportant à l'unité). En résumé, le quotient de pureté par l'extrait sec représente la quantité de sucre renfermée dans 100 grammes d'extrait sec.

Dans le jus de cannes le quotient de pureté par l'extrait sec varie de 0.85 à 0.95, suivant l'espèce de la canne, le terrain sur lequel elle est venue, son degre de maturité et le temps de conservation.

Détermination de la richesse saccharine d'après le poids
de matière sèche.

Suivant Payen, on dose l'eau et on retranche le nombre 6, du poids du résidu sec rapporté à 100 grammes de betteraves contenant peu d'eau, et 5 pour les betteraves aqueuses.

Nous avons constaté que ce calcul n'est applicable qu'aux racines dont la teneur varie entre 9 à 11 pour 100 de sucre.

Relation entre la richesse saccharine et le poids de matière sèche.

Richesse de la betterave.	Matière sèche pour 100 grammes de betteraves.	Matières étrangères.
13.6	22,5	8.9
13.5	22.5	9.0
13.1	22.0	8.9
12.7	21.5	8.8
11.8	19.1	7.5
11.0	18.8	7.8
10.4	17.5	7.1

D'après nos essais, on peut se rendre compte d'une manière suffisamment approchée de la richesse des betteraves en retranchant 40 pour 100 du poids de l'extrait sec.

Exemple : soit une betterave contenant 20 pour 100 d'extrait sec : 20 × 40/100 = 8 et 20 — 8, = 12 = richesse saccharine.

Ce calcul appliqué à diverses analyses donne les résultats ci-joints :

Matière sèche.		Poids de la matière étrangère		Richesse calculée.	Richesse directe.
22.50 × 40 pour 100	=	9.00	d'où 22.50 — 9.00	= 13.50	13.7
22.30	—	8.92	23.30 — 8.92	= 13.38	13.3
22.00	—	8.80	22.00 — 8.80	= 13.20	13.1
21.50	—	8.60	21.50 — 8.60	= 12.90	12.7
19.10	—	7.64	19.10 — 7.64	= 11.50	11.8
18.30	—	7.52	18.80 — 7.52	= 11.20	11.0
17.50	—	7,00	17.50 — 7.00	= 10.50	10.4
17.20	—	6.88	17.20 — 6.88	= 10.40	10.8
14.20	—	5.62	14.20 — 5.62	= 8.70	8.8
10.60	—	4.20	10.60 — 4.20	= 6.40	6.6 (1

(1) Dans un rapport sur la diminution du sucre dans les betteraves (*Journal d'agriculture pratique*, 1853), Payen indique les analyses de betteraves suivantes:

	N° 1.	N° 2.
Eau................	84.10	82.30
Matières organiques..	6.09	6.71
Sucre..............	9.31	10.20
Cendres............	0.50	0.70

En calculant la quantité de sucre d'après le dosage de l'eau on trouve, n° 1 9.54 et n° 2, 10.62.

Détermination de la quantité de jus extractible des betteraves.

Les betteraves riches donnent moins de jus que les betteraves à faible teneur en sucre. Ceci résulte de la structure même de la betterave. On sait en effet que, dans les premières, le tissu saccharifère, composé de cellules résistantes, est plus abondant et résiste davantage à l'action de la râpe ; néanmoins la quantité de jus totale contenu dans les betteraves ne varie pas sensiblement avec leur richesse (1).

M. Dubrunfaut, à propos d'essais de betteraves de M. Decrombecque, dit que des racines à 11,7 pour 100 de sucre ont donné 20 pour 100 de pulpe, tandis que d'autres contenant 9.35 de sucre n'ont fourni que 15.5 pour 100. Ce fait, d'après lui, « dépend du rapport qui existe entre les zones des deux espèces de tissus qui constituent le corps des racines, savoir : le tissu vasculaire et le tissu cellulaire ou utriculaire. »

En général, les

Racines de 9 à 10 pour 100 de sucre, donnent pulpe. . . 18 à 20 pour 100.
   —   11 à 12   —   —   . . . 23 à 25   —
   —   13 à 14   —   —   . . . 26 à 27   —

Il est d'ailleurs facile de prouver expérimentalement que les cellules sucrées ne sont pas toutes déchirées par la râpe.

Exemple : On a pris 200 grammes de pulpe à 9^g,5 pour 100 de sucre et on a ajouté 200 centimètres cubes d'eau ; le mélange, soumis à la pression, a donné : jus, 200 centimètres cubes (densité, 1018) ; sucre par litre, 28 grammes. Un échantillon de la même pulpe, écrasée, et soumise au même traitement, a donné 200 centimètres cubes de jus (densité 1021) ; sucre par litre, 36 grammes. Les différences auraient été encore plus sensibles si la pulpe avait renfermé des semelles.

D'après M. Wœstyn, des pulpes à 8 et 10 pour 100 de semelles, avaient une teneur en sucre de 5 à 6 pour 100, tandis que d'autres pulpes à 20 et 25 pour 100 de semelles, contenaient 10 pour 100 de sucre (*Journal des fabricants de sucre*, 15 octobre 1874).

(1) Il est nécessaire, pour rendre comparables les résultats d'essais, d'employer les mêmes moyens de râpage et de pression.

Des matières salines contenues dans la betterave.

Nous avons dit, en nous appuyant sur le travaux de MM. Péligot, Corenwinder, Pagnoul et Leloup, que la betterave, au delà d'une certaine limite, n'absorbe pas les substances salines proportionnellement aux quantités mises à sa disposition.

M. Pagnoul a constaté qu'en employant 800 kilogrammes de nitrate de soude par hectare, les cendres des betteraves ne contenaient pas plus de carbonates alcalins que dans le cas de culture sans engrais. Nous avons rappelé aussi, d'après divers savants, que les betteraves (et les plantes en général) choisissent dans le sol les matières nécessaires à leur constitution.

Quantité d'acide sulfurique nécessaire pour saturer tous les alcalis renfermés dans les salins.

On sait que la méthode mélassimétrique de M. Dubrunfaut repose sur ce fait remarquable, que le titre alcalimétrique des cendres est sensiblement constant.

En soumettant au calcul un grand nombre d'analyses de salins de provenance et de composition variables, nous avons remarqué que non-seulement les carbonates alcalins sont saturables par une quantité constante d'acide sulfurique, mais, de plus, que la totalité de la soude et de la potasse contenues, à l'état de sulfate, chlorure et carbonate, correspond à un poids d'acide sensiblement constant.

Exemples :

	1	2	3	4	5	6
Eau.	3.20	9.92	5.49	1.31	3.08	3.62
Insoluble.	12.27	17.08	13.22	13.09	13.16	15.60
Chlorure de potassium. .	18.06	20.85	20.78	19.12	19.99	13.21
Sulfate de potasse. . . .	16.83	14.52	23.01	5.11	8.79	23.69
Carbonate de potasse. . .	31.18	19.65	20.12	40.10	36.03	34.64
Carbonate de soude. . .	18.36	17.76	17.28	21.18	18.85	9.34
Quantité d'acide sulfurique (SO^3) nécessaire pour saturer toutes les bases rapportées à 100 grammes de sels solubles.	58.2	58.6	57.3	60.0	59.3	55.7

Moyenne. 58.1

Sur quarante-trois autres analyses de salins (de toutes provenances) :

        20 correspondaient à : Acide sulfurique. . . .   58
        12   —   —   57
         8   —   —   59
         2   —   —   60
         1   —   —   56

Le même calcul appliqué à des analyses de M. Corenwinder (1) sur des salins de provenances différentes, a donné les résultats suivants :

Composition des salins.	Salins d'Allemagne.	Dép. du Puy-de-Dôme.	Département de l'Aisne.	Département du Nord.
Eau, insoluble, etc.	18.52	12.20	15.82	17.92
Chlorure de potassium.	15.52	8.85	17.02	19.31
Sulfate de potasse.	8.05	17.59	8.00	10.91
Carbonate de potasse.	45.71	55.82	45.50	30.39
Carbonate de soude.	14.20	5.54	15.86	21.49
Acide sulfurique nécessaire pour saturer toutes les bases	47.95	49.18	49.57	49.0
Soit pour 100 gr. de sels solubles, { Acide sulfurique. .	58.8	56.00	58.5	59.6
Moyenne.		58.02		

Composition d'un salin d'exosmose d'après M. Ragot.

	Pour 100 de salin.
Carbonate de potasse.	46.85
Sulfate de potasse.	4.03
Carbonate de soude.	14.56
Chlorure de potassium.	29.81
Divers.	4.97
Quantité d'acide sulfurique nécessaire pour saturer les bases contenues dans 100 gr. de sels solubles.	58.5

D'après trois analyses de cendres, indiquées dans l'ouvrage de Stammer (p. 416), la totalité des bases correspondrait à 58,3 d'acide sulfurique.

Dans les analyses de salins obtenus par la calcination directe des mélasses, les quantités calculées d'acide sulfurique sont très-voisines les unes des autres, attendu que le poids de l'acide carbonique ne subit que de légères variations.

(1) Walkhoff, édition de 1874, p. 69, t. I.

Dans les salins de distillerie, au contraire, une partie des carbonates est passée à l'état de sulfate ; il en résulte un poids de cendres plus élevé et un écart plus grand entre les quantités calculées d'acide. Par exemple, l'analyse du salin n° 4 (tableau p. 69) se rapproche beaucoup, par la proportion de sulfate ($5^{gr},11$) de la composition des salins directs; quantité calculée d'acide sulfurique, 60.

Pour l'échantillon n° 6, cette quantité s'abaisse à 55,7 ; mais si on retranche $5^{g},11$ du poids du sulfate, en admettant ce chiffre comme normal, on trouve un excès de sulfate de potasse, soit $18^{gr},58$, qui devrait être compté à l'état de carbonate. Donc,

$$\frac{87,\text{ équivalent du sulfate de potasse}}{18,\text{ différence entre les équivalents du sulfate et du carbonate}} = \frac{18,58}{x}; x = 3^{gr},8.$$

En réalité les 100 grammes de salin n° 6 représentaient un poids trop faible de cendres par suite de la substitution de l'acide sulfurique à l'acide carbonique. $55^{g},7$ SO^3 correspondent à $100 - 3,8 = 96.2$ et $\frac{96.2}{55.7} = \frac{100}{x}$ $x = 57.5$ poids d'acide sulfurique corrigé.

En faisant la même rectification pour les autres analyses, on obtient les résultats suivants :

Quantité calculée d'acide sulfurique.

1	2	3	4	5	6
58.9	59.6	59.4	60.0	59.7	57.7

Analyses de M. Corenwinder :

	Salins d'Allemagne.	Salins du Puy-de-Dôme.	Salins de l'Aisne.	Salins du Nord.
Acide sulfurique. .	59.1	57.3	58.8	60.0

Moyenne. 58.8

De l'équivalence chimique des alcalis dans la betterave.

Quelques savants ont admis que, dans les végétaux, la potasse peut être partiellement remplacée par la soude (1). Nos recherches

(1) D'après I. Pierre (*Chimie agricole*, p. 99), « la soude semble pouvoir, dans beaucoup de cas, remplacer en partie la potasse dans les plantes et dans les sols, sans que les récoltes paraissent pour cela moins avantageuses. »

Joulie (*Petit Guide pour l'achat et l'emploi des engrais chimiques*, p. 21). « Il le nitrate de soude) contient toutefois une quantité importante de soude qui n'est

nous ont amené à penser que non-seulement ces alcalis peuvent se substituer en partie l'un à l'autre dans les betteraves, mais, de plus, que cette substitution embrasse tous les alcalis ; et que la loi

pas toujours sans utilité ; certaines plantes, en effet, telles que les betteraves, la canne à sucre, contiennent des quantités importantes de soude, et, bien que le fait ne soit pas encore démontré par des expériences suffisamment précises, il paraît certain que, pour ces végétaux, la potasse peut être remplacée par la soude, dans une certaine proportion. »

G. Ville (*Engrais chimiques*, p. 45, t. II). « J'inclinerais à penser que la soude, dont l'action est décidément nulle sur le froment et la plupart des autres plantes, peut, au contraire, remplacer dans une certaine mesure la potasse pour la betterave... Ce qui tendrait à me faire supposer que la soude a une action utile sur la betterave, c'est qu'ici même, à Vincennes, où le sol *manque de potasse*, les rendements se soutiennent depuis huit ans avec les engrais que je vous ai indiqués. »

L'engrais renfermait, outre le sulfate et le phosphate de chaux : azotate de potasse, 200 kilogrammes ; azotate de soude, 500 kilogrammes.

D'après M. Pagnoul (Comptes rendus des travaux de la station agricole du Pas-de-Calais, 1875) : « En comparant cependant les parcelles 14 et 16, où l'on n'a introduit que des sels de soude sur la première et de potasse sur la deuxième, on trouve sur la première beaucoup plus de soude et moins de potasse... La betterave peut donc s'assimiler la soude... Mais on voit cependant qu'elle a au moins plus de tendance à s'assimiler la potasse, puisque cette dernière base est encore en proportion deux fois plus forte, même sur la parcelle où on n'a mis que des sels de soude. »

Quantités de sels mises sur chacune des parcelles :

	Parcelle n° 14.		Parcelle n° 16.
Superphosphate de chaux. .	400	Superphosphate de chaux. .	400
Sulfate de soude.	300	Sulfate de potasse.	300
Nitrate de soude.	470	Nitrate de potasse.	540
Sulfate de chaux.	200	Sulfate de chaux.	200
	1370		1440

Composition des cendres du jus :

	Parcelle n° 14.	Parcelle n° 16.
Potasse.	0.240	0.323
Soude.	0.130	0.044

D'après MM. Dudouy (Notes à consulter, p. 7), et Viollette, le nitrate de soude abîme les terres.

M. Dudouy cite à cet égard le résultat suivant :

Le nitrate de potasse a donné 50 015 kilogrammes de betteraves. Densité du jus, 10 degrés Baumé (ou densité, 1 074) ; sucre, 9.63 (déduction faite du sucre, par le coefficient 5 appliqué aux cendres). Cendres, 1.03.

Sur la même terre, avec le nitrate de soude, on a obtenu : 49 220 kilogrammes de betteraves. Jus à 10 degrés Baumé ; sucre, 9.63 ; cendres, 1.04, soit le même résultat que précédemment.

D'un autre côté, une terre siliceuse, légère, pauvre en potasse, avec addition

des équivalents qui régit toutes les combinaisons chimiques, s'applique aussi aux réactions multiples qui s'accomplissent dans les végétaux pendant leur développement.

de nitrate de potasse, a donné 48 725 kilogrammes de betteraves ; jus, 8.25 Baumé; cendres, 1.07 ; sucre, 7.01.

Tandis qu'avec le nitrate de soude : 56 980 kilogrammes de betteraves ; jus, 7.50 Baumé ; cendres, 1.11 ; sucre, 5.66.

D'après nos essais personnels, il y a lieu de penser que, dans ce dernier cas, le sol ne renfermait pas assez de potasse ; or cet élément ne pouvant être remplacé que partiellement par la soude ou par les autres alcalis, la betterave se trouvait dans de mauvaises conditions de culture.

L'absorption de la soude par la betterave et sa substitution partielle à la potasse permettent d'expliquer l'action du sel marin qui, dans certains cas, fournit de bons résultats.

Si le sol renferme une quantité suffisante de potasse, l'addition de chlorure de sodium n'aura pour effet que d'augmenter la proportion de chlore dans la betterave ou d'augmenter la solubilité des phosphates, etc.; si, au contraire, le sol ne contient pas assez de potasse, le chlorure de sodium pourra agir par son alcali.

M. l. Pierre dit que, d'après l'opinion d'un assez grand nombre de personnes, le sel ne deviendrait actif qu'après sa transformation en carbonate de soude, en présence du carbonate de chaux. D'après ce savant, on admet que les effets du sel sont pour ainsi dire nuls les années de sécheresse ; par conséquent la formation du natron (carbonate de soude) ne pourrait avoir lieu qu'en présence de l'humidité ; mais s'il y a excès d'eau, la réaction inverse aurait lieu, et le carbonate de soude formé donnerait de nouveau naissance à du carbonate de chaux.

D'après la théorie de Berthollet sur la formation du natron d'Egypte (*Mémoires sur l'Egypte, publiés pendant la campagne du général Bonaparte dans les années VI et VIII*, 2ᵉ partie, p. 311) : « Si le terrain est trop argileux, on ne trouve pas de natron à sa surface, mais du sel marin, ou du moins il ne contient que très-peu de carbonate de soude, l'eau de pluie en a sans doute entraîné tout ce qui était salin ; s'il est trop siliceux on n'y trouve aucun sel. Le terrain dans lequel s'opère la décomposition du sel marin contient toujours une proportion considérable de carbonate de chaux et toujours nous l'avons trouvé très-humide. Il paraît donc certain que c'est le carbonate de chaux qui opère la décomposition du muriate de soude avec lequel il se trouve en contact au moyen de l'humidité et de la chaleur... Comme le muriate de chaux, qui résulte de la décomposition du muriate de soude, est très-déliquescent, il doit se perdre profondément dans l'intérieur du terrain jusqu'à ce qu'il rencontre des causes de décomposition.

« Dans les endroits principalement où la terre est trop argileuse, la formation du natron est singulièrement favorisée par une tige de jonc autour de laquelle grimpe et s'élève le carbonate de soude à mesure qu'il se forme, de sorte qu'on voit fréquemment autour d'une tige s'élever une masse de natron pendant que le terrain qui l'environne ne contient que du muriate de soude, mêlé d'une très-petite proportion de carbonate de soude. »

Ne peut-on pas supposer que les radicelles de la betterave jouent un rôle analogue à la tige de jonc dont parle Berthollet, et absorbent, à l'état de combinaisons organiques, le carbonate de soude à mesure qu'il se forme ?

Cette double hypothèse a été confirmée par la comparaison d'analyses françaises et étrangères présentant entre elles des différences considérables quant à la composition des cendres de betteraves (1).

Il résulte des analyses que M. H. Joulie a bien voulu nous communiquer, que le rapport entre les quantités de potasse et de soude, dans les cendres de betteraves, varie avec la teneur en alcali des engrais employés.

Le poids de la soude, dans les cendres, peut être égal à celui de la potasse. Dans les cas où on n'emploie que ce dernier alcali, le rapport entre la potasse et la soude peut s'élever à $\frac{5,8}{1}$.

Toutefois nous devons rappeler que lorsqu'on met les betteraves en présence d'un excès de certains sels, il peut y avoir absorption, par les radicelles, de substances salines qui sont introduites mécaniquement sans participer à la composition de la betterave, comme l'ont démontré les importantes recherches de M. Péligot sur l'absorption des chlorures alcalins.

Il y aurait lieu de tenir compte de ce fait dans quelques cas anormaux où la loi que nous avons établie paraîtrait en défaut.

(1) Dans une note récente, insérée aux *Comptes rendus de l'Académie*, nous avions admis, dans les cendres de betteraves, le remplacement partiel, par équivalents, de la potasse et de la soude, isolément, ainsi que de la chaux et de la magnésie : nous avons reconnu depuis que ce fait n'est qu'un cas particulier de la loi générale.

Quantités calculées d'acide sulfurique nécessaire pour saturer les bases contenues dans les cendres de betteraves d'Allemagne (racines et feuilles) (1).

	Racines.	Feuilles.	Total.	Racines.	Feuilles.	Total.	Racines.	Feuilles.	Total.	Racines.	Feuilles.	Total.
Acide sulfurique correspondant												
à la potasse.	93.28	55.97	149.25	68.68	57.83	126.51	85.78	50.88	134.66	103.45	59.36	162.81
à la soude.	18.46	48.13	66.59	42.31	29.15	71.46	16.51	22.96	39.47	64.50	30.96	95.46
à la chaux.	52.80	75.26	128.06	17.61	29.82	47.43	19.02	23.00	42.02	25.56	31.24	56.80
à la magnésie.	25.00	96.00	119.00	17.20	35.20	52.40	28.00	16.80	44.80	24.00	36.00	60.00
Acide sulfurique total.	187.54	275.36	462.90	145.80	152.00	297.80	147.31	115.64	260.95	217.51	157.56	375.07
Poids des cendres totales (sans CO_2).	251.5	291.2	542.7	196.5	200.0	396.5	193.0	162.0	355.0	293.5	207.5	501.0
Acide sulfurique nécessaire pour saturer tous les alcalis contenus dans 100 gr. de cendres.	74.5	90.0	78.6	74.0	76.0	75.3	76.0	70.0	73.5	74.0	75.0	74.6
Rapport entre la potasse et la soude.	7.7	1.2	»	2.4	3.0	»	7.7	3.3	»	2.4	2.9	»
Rapport entre la chaux et la magnésie.	2.3	0.78	»	1.0	0.84	»	0.67	1.3	»	1.06	0.87	»

(1) Les analyses correspondant au tableau sont extraites de l'ouvrage de M. Walkhoff (p. 43, édit. 1874, t. I), d'après MM. Bretschneider, Wolf, Karmrodt, Fulhing. Le poids des cendres est rapporté à une récolte de 50 000 kilogrammes de racines par hectare, sans indication de la richesse saccharine. Nous avons ajouté le poids moyen d'oxyde de fer aux analyses dans lesquelles cet élément n'avait pas été déterminé.

MM. Kohlrausch et Petermann ont cherché à déterminer l'influence de la potasse, à l'état de phosphate et de carbonate, sur la betterave (Stammer, *deuxième Supplément*, p. 8). Les racines étaient cultivées dans du sable auquel on avait ajouté les substances minérales et azotées dans les proportions correspondantes à peu près à la composition de la plante.

En calculant, d'après leurs analyses, les quantités d'acide sulfurique pouvant saturer les bases contenues dans les cendres des racines, on arrive à des résultats qui s'accordent complétement avec les précédents. Exemple :

			Moyenne de huit analyses.
Acide sulfurique correspondant à la potasse . . }	à la soude. . . }		40.9
— — — à la chaux. . . .			6.71
— — — à la magnésie.. .			12.92
			60.53

Les cendres renfermaient en moyenne 19,4 pour 100 d'acide carbonique ; soit 74,9 d'acide sulfurique nécessaire pour saturer toutes les bases contenues dans 100 grammes de cendres, sans acide carbonique.

La moyenne des analyses consignées dans le tableau précédent est de 74,6.

Si on calcule d'après les mêmes analyses les quantités d'un alcali quelconque pouvant saturer les acides phosphorique et sulfurique, ainsi que le chlore, on arrive aux résultats suivants :

1° *Culture avec addition de phosphate de potasse.*

Acide phosphorique	22.58	14.05	15.95	16.49
Acide sulfurique.	2.72	3.42	2.99	3.01
Chlore.	1.80	4.33	5.04	4.26
Quantité de potasse correspondante. . .	20.3	19.1	20.7	20.00
Moyenne.		20.1		

2° *Culture avec addition de cabonate de potasse.*

Acide phosphorique.	16.41	13.87	12.86	13.95
Acide sulfurique.	4.67	4.71	3.21	3.96
Chlore.	1.84	2.57	4.55	4.06
Quantité de potasse totale correspondante.	18.6	18.00	18.22	17.9
Moyenne.		18.1		

La différence entre les deux moyennes que nous venons d'indiquer n'est qu'apparente ; en effet, en se reportant aux analyses de ces savants, on voit que la quantité d'acide carbonique n'est pas la même dans les deux cas, soit une différence de 1,3, correspondant à potasse 2^g,7 qui, ajoutés à 18,1, donnent un total de 20.8. Les résultats sont donc sensiblement les mêmes.

Il résulte de la comparaison de ces chiffres que, dans chaque série d'expériences, les acides phosphorique et sulfurique et le chlore se sont remplacés mutuellement suivant leurs équivalents respectifs.

Comme confirmation du remplacement équivalent des bases, nous ajouterons que d'après nos essais le quotient salin (c'est-à-dire le poids des cendres rapporté à 100 grammes de sucre) du jus des betteraves cultivées en présence des sels de soude et de magnésie est plus faible que lorsqu'on emploie comme engrais la potasse et la chaux.

M. Péligot a récemment constaté (1) que « les cendres fournies par le jus (de betteraves) contiennent de 10 à 15 pour 100 de leur poids de phosphate de magnésie bibasique, quelle que soit la provenance de la betterave. »

D'un autre côté, nous avons remarqué que dans les cendres de betteraves, cultivées normalement, les proportions d'acide phosphorique et de magnésie correspondent au même phosphate de magnésie.

D'après les analyses de MM.

	Acide phosphorique pour 100 de cendres de racines.	Magnésie.	Magnésie calculée, correspondant à la formule $PhO^5. 2 MgO$.
Bretschneider.	17.8	10.4	10.0
Wolf.	16.6	4.4	3.7
Karmrodt.	12.7	7.2	7.1
Fulhling.	6.8	4.1	3.8
Boussingault..	7.6	5.6	4.3
Moyenne de quatre analyses de MM.			
Kolrausch et Petermann.	14.2	7.1	8.0
D'après nos analyses.	13.5	7.4	7.6 (2)

(1) *Comptes rendus de l'Académie*, 25 janvier 1875, p. 220.

(2) Il n'en est plus de même si on applique le calcul aux cendres de betteraves cultivées dans des conditions spéciales. C'est ainsi que dans les analyses de MM. Kolrausch et Petermann, citées plus haut, on ne retrouve plus le même rapport entre l'acide phosphorique et la magnésie.

M. Péligot dit encore « qu'une notable quantité de cet acide (phosphorique) se rencontre aussi dans le jus sous forme de phosphate ammoniaco-magnésien. »

En cherchant le rapport qui existe entre l'acide phosphorique et la magnésie, indiqués dans les analyses précédentes, et les quantités d'azote contenues dans les betteraves sous forme de sels ammoniacaux, d'après M. Renard (1), on trouve que ce rapport correspond à la composition du phosphate ammoniaco-magnésien.

La même relation paraît exister, dans le jus de betteraves, entre l'ammoniaque et l'acide phosphorique.

Les jus renferment en moyenne $0^g,75$ de cendres. D'après M. Péligot 100 grammes de cendres contiennent en moyenne $12^g,5$ de phosphate de magnésie bibasique, soit acide phosphorique 8 pour 100.

$$\frac{100 \text{ cendres}}{8 \text{ PhO}^5} = \frac{0,75}{x} ; \quad x = 0,06.$$

D'après la formule du phosphate ammoniaco-magnésien,

$$\frac{71 \text{ PhO}^5}{17 \text{ ammoniaque}} = \frac{0.06}{x} ; \quad x = 0^g,014 \text{ ammoniaque},$$

et la moyenne des analyses de M. Renard et des nôtres, sur le jus de betterave, correspond à $0^g,012$ d'ammoniaque.

Répartition des sels dans les feuilles et les racines.

M. Péligot a démontré (2) que la composition des cendres de la betterave n'est pas la même dans toute la hauteur du végétal. Les chlorures et les sulfates sont plus abondants dans les feuilles et dans le collet, et leur proportion diminue à mesure qu'on approche de l'extrémité inférieure. D'après M. Péligot :

Chlorure de potassium (dans 100 grammes de cendres).

Partie supérieure.		Partie inférieure.
14.0		4.7
41.9	Racines arrosées avec des quantités	16.3
40.7	différentes de chlorure de potas-	15.3
49.1	sium.	23.7

(1) *Annales de Chimie et de Physique*, 1870, 4e série, t. XIX, Migration de azote.

(2) *Compte rendus de l'Académie*, 18 janvier 1875.

Sulfate de potasse (dans 100 grammes de cendres).

Partie supérieure.	Partie inférieure.
16.9	8.9
15.2	8.0
15.6	6.0

Cette répartition différente des sels paraît proportionnelle à leur diffusibilité.

D'après M. Dubrunfaut, lettre sur la Genèse agricole, 28 février 1868 (*Journal des fabricants de sucre*, n° 47, 5 mars 1868) :

« Quant à l'absorption du même gaz (acide carbonique) par les spongioles des racines, elle doit se produire par un simple effet de succion ou d'endosmose exercé sur l'eau du sol qui retient en dissolution des substances solubles végétales ou minérales, et comme ces substances sont inégalement diffusibles, elles doivent présenter en apparence des aptitudes fort différentes à pénétrer dans l'organisme à travers les tissus divers qui font obstacle à leurs mouvements..... et tous les sels solubles doivent pénétrer dans les végétaux selon l'ordre de leurs diffusibilités et suivant des proportions pondérables des dissolutions..... »

Absorption des sels par les betteraves.

Il résulte aussi des travaux de M. Péligot que les chlorures sont facilement absorbés par les betteraves. Dans ses essais, les betteraves, cultivées dans des pots d'une contenance d'environ 30 litres, étaient arrosées avec de l'eau renfermant des quantités variables de chlorures de sodium et de potassium.

	Poids des betteraves.	Densité du jus à 15°.	Cendres dans 100 de jus.	Chlorure de potassium dans 100 de salin.	Sucre dans 100 de jus.	Quotient salin (1).
N° 1. Eau.	680 gr.	1080	0.83	7.1	15.3	5.4
N° 3. (25ᵍ de sel marin).	655	1081	1.07	16.3	15.0	7.1
N° 5. (25ᵍ chlorure de potassium). . .	650	1083	0.89	13.2	14.0	6.5
N° 7. (75ᵍ de sel marin).	682	1087	1.07	27.3	16.4	6.5
N° 9. (75ᵍ chlorure de potassium). . .	645	1090	1.20	26.8	15.8	7.5

(1) Poids des cendres rapporté à 100 grammes de sucre, d'après les chiffres précédents.

La dose de 25 grammes de sel marin, répartie dans 30 litres de terre, correspondrait par hectare, en supposant une profondeur de terre arable de 50 centimètres, à 4 160 kilogrammes de sel; et 75 grammes à 12 480. Mais il faut remarquer que la culture ordinaire n'emploie que 2 à 300 kilogrammes de chlorure de potassium par hectare. De plus, en supposant un poids de 4 160 kilogrammes de chlorure de potassium ou de sodium, le quotient salin augmenterait de 1,7 (7,1—5,4). Admettons un instant qu'en réduisant le poids au dixième, soit 416 kilogrammes, le quotient salin s'élève proportionnellement; cette augmentation correspondrait à $0^g,17$, et pour l'excès de chlorure contenu dans 100 grammes de salin, à 0,92. Or ces différences peuvent être négligées, surtout en se rappelant que la principale cause de la formation de la mélasse doit être attribuée à la présence des matières organiques étrangères, surtout lorsque celles-ci sont associées aux alcalis et principalement à la chaux.

La potasse, employée sous forme de nitrate et de chlorure, paraît fournir d'excellents résultats.

Le comité central des fabricants de sucre de France, dans une brochure intitulée *Conseils aux intéressés*, indique comme demifumure les formules suivantes, qui ont été appliquées avec succès dans l'arrondissement de Lille :

	Par hectare.
Nitrate de soude..	200 kilog.
Nitrate de potasse..	100
Superphosphate de chaux..	200
Plâtre..	150

Ou encore :

Sulfate d'ammoniaque..	250
Chlorure de potassium.	200
Superphosphate de chaux.	150
Pour un hectare.	

M. Pagnoul, dans un mémoire publié par *la Sucrerie indigène* (p. 335), émet l'opinion que les sels sont absorbés par la betterave suivant les quantités d'azote contenues dans l'engrais, et il cite à l'appui, les résultats obtenus sur des betteraves cultivées avec les matières suivantes :

Phosphate de chaux.	400
Chlorure de potassium.	200
Sulfate de potasse.	500
Sulfate de potasse par arrosage. . .	500
Sulfate de chaux.	500

1 500 kilog. sans azote.

Quotient salin (des sels solubles). .   5.4   Sucre. .   10 pour 100

Mêmes betteraves cultivées avec fumier.	40 000 kilog.
Sulfate d'ammoniaque..	500
Sulfate d'ammoniaque par arrosage.	200
Quotient salin. 15.5	Sucre. . 5.4 pour 100

Les racines venues sans azote pesaient en moyenne 750 grammes, et, avec fumier, 1 750 ; et nous avons dit précédemment que les grosses racines ont un quotient salin plus élevé que les petites. Aussi, dans les essais de M. Pagnoul, une parcelle non fumée depuis cinq ans a donné des racines pesant 236 grammes ; richesse saccharine 12,1, quotient salin 3,2.

Dans l'emploi des engrais, on ne doit pas oublier, ainsi que l'a fait remarquer M. Corenwinder, qu'un seul des éléments nécessaires à la végétation (dont les principaux sont la potasse, la chaux, l'acide phosphorique, l'azote), employé même à haute dose, ne saurait dans aucun cas remplacer les autres éléments.

RENDEMENT A L'HECTARE.

Influence du terrain.

D'après Stammer, « un terrain argileux, calcaire, doux et meuble convient avant tout à la betterave. Les terrains sablonneux calcaires, s'ils contiennent assez d'humus, fournissent également de bonnes terres. »

Walkhoff, après avoir cité des analyses de terres (p. 16, 17 et 18), ajoute : « Toutes ces analyses ne sauraient fournir de renseignements bien précis sur la valeur d'un sol pour la culture de la betterave. »

— 82 —

Composition de terres de la Somme, du Nord et de l'Aisne.

Les trois premiers échantillons appartenaient à un sol ayant fourni des betteraves contenant 12 à 14 grammes de sucre pour 100 de jus. Le quatrième n'avait donné que de mauvaises betteraves.

	1 Somme.	2 Nord.		3 Aisne.	4 Somme.	Terre de Kalinofska (1).
Matières organiques.	5.600	4.42	4.840	5.70	8.200	6.207
Silice	81.800	»	82.500	79.00	42.000	72.699
Alumine	7.240	»	8.620	8.50	3.91	9.974
Chaux.	0.510	0.476	0.420	0.25	23.220	1.930
Peroxyde de fer	2.880	»	2.180	3.50	2.310	2.834
Acide phosphorique.	0 070	0.008	0.077	traces	0.385	0.093
Potasse	0.064 }	0.130 }	0.140	trace	0.044	2.047
Soude	0.085 }				0.058	0.914
Acide carbonique..	0.400	0.600	0.700	2.85	19.050	1.280
Divers.	1.351		1.523		0.823	2.022
	10.000		100.000	100.000	100.000	
Azote total.	0.088	0.140	0.120	0.154	0.270	0.234
Ammoniaque.	0.013	0.040	0.030	0.016	0.010	
Sable	72.100	85.000	80.000	62.000	35.770	
Argile.	22.000	9.000	14.000	30.000	10 à 12	

En se reportant aux analyses de Schübler, on trouve que la composition des bonnes terres à betteraves se rapproche de celle de la terre labourable du Jura, qui renferme :

Argile.	33.300
Sable silicé	63.000
Sable calcaire	1.200
Terre calcaire	} 2.500
Humus.	
	10.000

L'excès de calcaire (échantillon n° 3) entraîne une trop rapide absorption de l'eau et par suite une dessiccation lente qui nuit à la production du sucre.

Dans la détermination des engrais applicables à une terre donnée, il est utile de suivre la méthode de M. Joulie (*Guide pour l'emploi des engrais*), qui est fondée sur l'emploi d'engrais

(1) Terre convenant à la culture de la betterave, d'après Walkhoff.

analyseurs et sur l'essai direct du sol ; et nous ajouterons, pour le cas spécial de la culture des betteraves, que dans ces essais on doit rapprocher les sujets proportionnellement à la quantité d'engrais.

Influence de la graine et de l'écartement.

La nature de la graine, pour un même genre de culture, modifie souvent les rendements. Il résulte, en effet, des *Comptes rendus de la Société centrale d'agriculture du Pas-de-Calais*, sur le concours des graines de betteraves en 1874, que, pour un même terrain, certaines graines ont fourni 58891 kilogrammes de betteraves, et d'autres 41600, la richesse saccharine ayant varié de 7 à 11,9 pour 100.

Dans nos essais sur les engrais, des graines ordinaires de sucreries, plantées à 60 centimètres, ont donné des betteraves pesant $2^k,5$, tandis qu'avec la graine Vilmorin les racines n'atteignaient que 1200 à 1300 grammes. D'un autre côté, l'influence du rapprochement varie avec la nature des graines. Ainsi il paraît résulter d'essais agricoles, que la graine Vilmorin, pour une production maxima, doit être plantée à environ 30 centimètres sur 25 soit 110 à 120000 pieds à l'hectare, ce qui correspond à une récolte de 45 ou 50000 kilogrammes de racines pesant 500 grammes et ayant une richesse d'environ 14 à 17 pour 100, d'après nos analyses.

M. Pagnoul a d'ailleurs montré qu'en plantant les betteraves très-rapprochées, le poids total de la récolte n'est pas diminué, mais augmente au contraire dans certains cas.

D'après une lettre de M. A. Lanthiez sur la culture de la betterave chez M. Hortsky dans le domaine d'Hortskyfeld (Bohême), en 1873 : « Les betteraves couvrent déjà la terre ; il est vrai qu'elles sont très-rapprochées les unes des autres. . . . . . La betterave ne doit jamais peser plus d'une livre ; on l'impose dans les compromis ; d'abord, étant très-serrée sur la ligne et entre les lignes, elle ne vient jamais grosse, mais elle est longue et de bonne qualité. Cette qualité provient certainement de plusieurs causes : la graine, la terre, le climat et principalement le mode de culture, qui consiste à faire beaucoup de racines petites, mais longues, et ne sortant pas de terre ; par cet excellent système de culture on obtient encore 40 à 45 000 kilogrammes de racines à l'hectare. » (*Sucrerie indigène*, 5 septembre 1873.)

Les chiffres cités dans cet extrait correspondent à 90 000 pieds environ. M. Lanthiez n'indique pas les engrais employés ; ceux-ci étaient sans doute insuffisants, attendu qu'avec un petit nombre de manques, la récolte peut dépasser facilement 45 000 kilogrammes, même en rapprochant beaucoup les graines, comme paraît l'indiquer l'auteur.

D'après les *Conseils aux intéressés* par le Comité central des fabricants de sucre, « la betterave de bonne qualité est fusiforme, c'est-à-dire allongée en forme de carotte sans être nullement ventrue ni enflée ; son collet est grisâtre ; il est plat et fortement garni de feuilles. » Le même ouvrage dit que les betteraves pesant 1 kilogramme sont moins riches que celles de 700 grammes et qu'il est facile d'obtenir 56 000 kilogrammes de racines avec 80 000 pieds à l'hectare.

M. Simon Legrand admet qu'en rapprochant convenablement les graines, on peut obtenir environ 60 000 kilogrammes de betteraves contenant de 12 à 17 pour 100 de sucre.

Influence des engrais sur le rendement en poids et sur la richesse saccharine.

Il peut arriver que des betteraves cultivées sans engrais soient plus riches qu'avec engrais, attendu que dans le premier cas, sur les terrains pauvres, les betteraves n'acquièrent qu'un faible poids, et ont par conséquent une richesse élevée en sucre ; il est vrai de dire que les manques sont considérables. Aussi en Russie, sans engrais, on n'obtient en moyenne à l'hectare que 12 à 22 000 kilogrammes de betteraves, d'une richesse saccharine élevée, et l'opinion des Allemands à propos du peu de richesse de nos bettéraves est que « la France produit trop ».

Dans nos essais, des graines semées sans engrais sur un terrain ordinaire, avec un écartement de 60 centimètres sur 60, ont donné des betteraves petites et riches en sucre, et, dans les mêmes conditions d'écartement, on a obtenu, avec engrais, des betteraves grosses et moins riches en sucre ; néanmoins le rendement total en sucre à l'hectare était plus élevé dans le second cas.

D'après M. Pagnoul :

1871-72.	Sucre pour 100 de jus.	Poids des racines.
Betteraves cultivées sans engrais (1)	13.9	400
Betteraves cultivées avec engrais divers. . .	7 à 11	561 à 856

1874.		
Betteraves cultivées sur fumier et sulfate d'ammoniaque.	5,8	1 750
Betteraves cultivées sans engrais (5ᵉ année)..	13.8	236

M. Dubrunfaut avait conclu, probablement d'expériences analogues, que plus on fumait les terres, moins la richesse saccharine des betteraves était élevée ; mais il ne tenait sans doute pas compte de l'influence considérable de l'écartement, qui modifie complétement les résultats de la culture.

Walkhoff, après avoir constaté que les petites betteraves sont plus riches en sucre que les grosses, ajoute (p.139) : «Le producteur trouve donc avantage, en rapprochant les plantes, à réduire autant que possible la grosseur des racines. L'écartement des semis devrait d'ailleurs être calculé, pour chaque sol, en tenant compte de sa fertilité. Moins la terre possède d'éléments assimilables, et plus il faut espacer les semis. Plus elle est riche en principes nutritifs, tels que l'ammoniaque, les phosphates solubles, plus il faut réduire l'écartement. »

MM. Mariage (de Thiant) ont obtenu un rendement de 64 900 kilogrammes de betteraves à l'hectare (jus à 1062, richesse 13.92, quotient salin 6.1), l'écartement des racines étant de 40 sur 25, soit 100 000 pieds à l'hectare à l'époque de la plantation. (*Journal des fabricants de sucre*, 1874). Les betteraves pesaient donc en moyenne (en tenant compte des manques) environ 700 grammes.

(1) *Comptes rendus de la Société d'agriculture du Pas-de-Calais.*

Analyses comparées de betteraves allemandes et françaises.

Résumé des essais faits par M. E. C. (*Journal des fabricants de sucre*, n° 20, 26 août 1875) :

Mode de culture adopté dans ces expériences :

1° Espacement entre les lignes, 48 centimètres ;

2° Sur la ligne, 23 centimètres (soit 90 000 pieds à l'hectare) ;

3° La graine était mêlée avec trois fois son poids d'engrais pulvérulent ;

Composition de l'engrais :

Superphosphate de chaux.	600 kilog.
Azotate de potasse.	100
Azotate de soude.	100
Plâtre pour faciliter le mélange. . . .	200
	1 000 kilog.

4° Quantité de graine par hectare (mise au semoir) : 15-17 kilogrammes ;

5° La quantité d'engrais artificiel employé variait de 500 à 800 kilogrammes, suivant le terrain. L'engrais était semé à la volée quinze jours avant la plantation, puis mélangé à la couche arable.

Betteraves arrachées le 8 septembre 1874 ; analysées le 9.

DÉSIGNATION DE LA GRAINE.	PROVENANCE.	POIDS MOYEN des betteraves essayées.	EMBLAVURE DE LA PARCELLE en 1873.	GENRE DE FUMURE POUR LA RÉCOLTE DE 1874.	DEGRÉ BRIX.	POLARISATION		QUOTIENT DE PURETÉ.
						SUCRE.	NON-SUCRE.	
BETTERAVES ALLEMANDES.								
Vilmorin améliorée......	Archersleben.	0k,470	Avoine.	Fumier d'étable.	18.29	16.02	2.27	87.59
Electorale.............	—	0 ,470	Betteraves.	Engrais artificiel.	17.65	14.23	3.42	81.44
—	—	0 ,540	—	Fumier.	17.28	14.29	2.99	82.70
Impériale.............	—	0 ,650	Avoine.	—	17.46	14.18	3.28	81.21
Silésie blanche	Bebitz.	0 ,690	Jachère.	Fumier et compost.	16.94	14.18	2.76	83.71
—	—	0 ,430	Betteraves.	Engrais artificiel.	17 55	14.15	3.22	81.44
BETTERAVES FRANÇAISES.								
Blanche à collet rose.....	Départ. du Nord.	0 ,520	Froment de mars.	Fumier.	18.17	15.49	2.68	85.25
—	—	0 ,540	—	—	17.59	14 81	2.78	84.18
—	—	0 ,950	Betteraves.	Ecumes de défécat.	17.15	14.50	2.75	84.55
—	—	0 ,640	—	—	15.90	12.27	3.63	77.17
—	—	0 ,585 (1)	Avoine.	Fumier.	17.45	15.15	2.30	86.82
—	—	0 ,615	—	Compost.	17.25	14.18	3.07	82.20
—	—	0 ,560	Betteraves.	Ecumes de défécat.	17.86	14.85	3.03	83.04
—	—	1 ,205	—	Engrais artificiel.	14.84	12.00	2.85	80.86
—	—	0 ,410	Jachère.	Fumier.	17.10	14.07	3.03	82.28
—	—	0 ,690	Betteraves.	Engrais artificiel.	17.20	14.75	2.45	85.76
—	—	0 ,550	—	—	16.80	13.91	2.89	82.90
—	—	0 ,690	—	—	16.70	13.55	5 15	81.14
—	—	0 ,760	—	—	16.85	13.48	3.37	80.00
Moyenne des graines....	Allemandes.	0 ,544	»	»	17.47	14 40	2.97	82.90
—	Françaises.	0 ,630	»	»	16 97	14.07	2.90	82.97

(1) Semées les dernières. Fumier, trois semaines avant semailles.

Betteraves arrachées le 28 octobre 1874 sur 35 hectares, analysées le 3 octobre

	Degré Brix.	Polarisation.	
		Sucre.	Non-sucre.
Betteraves allemandes d'Arschersleben. .	18.51	15.23	3.08
— — de Bebitz.	18.98	15.54	3.54
— — de Quedlimbourg. .	15.44	12.66	2.78
Betteraves françaises d'Auchy.	18.56	15.33	3.07
— — de Bersée.	18.13	13.03	3.08

La moyenne montre que les betteraves françaises convenablement cultivées ont la même richesse que les betteraves allemandes.

Nous avons obtenu de notre côté, en semant dru (33 centimètres sur 30), 100 à 110 000 pieds à l'hectare ; poids moyen des betteraves, 700 grammes ; richesse du jus , en moyenne 14,7 pour 100. Ces betteraves provenaient de graines de M. Simon-Legrand.

Les tableaux précédents indiquent en outre que le rapprochement des racines, concurremment avec l'emploi de doses élevées d'engrais naturels ou artificiels, n'abaisse pas la richesse saccharine.

MM. Dubrunfaut et Stammer pensent que la richesse des betteraves est en raison inverse du poids des récoltes, et M. Dubrunfaut cite à l'appui de cette opinion les résultats fournis par la Russie et l'Allemagne.

Ainsi, en résumant les chiffres indiqués par différents auteurs, on arrive aux conclusions suivantes : Betteraves russes, très-riches, faible fumure ; rendement à l'hectare, 15 à 20 000 kilogrammes. Betteraves allemandes, riches, faible fumure ; rendement à l'hectare, 20 à 28 000 kilogrammes. — Betteraves françaises, pauvres, forte fumure ; rendement à l'hectare, 30 à 50 000 kilogrammes.

Essais de M. Pagnoul (*Comptes rendus de la Société des travaux de la station agricole du Pas-de-Calais*) :

	Parcelles.	Poids total des racines à l'hectare.	Sucre pour 100 gr. de betteraves.	Sucre total à l'hectare.
	1. Fumier.	64 173 kilog.	7.10	4 556 kilog.
1871-72.	2. Engrais complet. .	70 172	11.20	7 926
	4. — — . .	64 567	11.40	7 370
	6. Rien.	51 520	13.90	7 161 (1)

(1) Ce résultat indique une terre d'excellente qualité.

Parcelles.	Poids total des racines à l'hectare.	Sucre pour 100 gr. de betteraves.	Sucre total à l'hectare.
6. Rien	30 458 kilog.	13.03	4 031
4. Engrais complet	40 525	12.03	4 984
22. Nitrate de soude	43 164	13.02	6 761
12. Fumier	57 876	12.02	7 061

1873. — (Petite distance) racines de 508 grammes.

Expériences de M. H. Joulie, pour une culture ordinaire.

	Poids total des racines à l'hectare.	Sucre pour 100 gr. de betteraves.	Sucre total à l'hectare.
Engrais complet, dose moyenne	43 239	11.59	5 012
Fumier	34 500	11.67	4 026
Rien	32 500	13.58	4 413
Phosphate de chaux	30 300	15.24	4 648

1874-75.

On ne devrait pas cependant conclure de ce qui précède, que le rendement le plus élevé correspond dans tous les cas à l'emploi des engrais complets.

Ainsi M. Joulie a observé les résultats suivants (*Petit Guide pour l'emploi des engrais chimiques*, p. 138) :

		Racines.
N° 3	Engrais complet intensif.	41.900
4	— — ordinaire.	60.000
5	— — sans matière azotée.	65.500
6	— — sans phosphate.	15.900
7	— — sans potasse.	65.000
8	— — sans chaux.	63.200
9	Azote seul.	11.200
10	Sans engrais.	8.600

Il résulte de l'essai n° 3 qu'un excès d'engrais a été nuisible. D'ailleurs, les essais 5, 7 et 8 montrent que la terre est suffisamment pourvue d'azote, de potasse et de chaux, et qu'elle manque totalement de phosphate.

M. Joulie ajoute (p. 139) : «Pourquoi les engrais complets produisent-ils moins que les engrais sans potasse et sans azote ? Parce qu'en apportant, en même temps que des phosphates, de grandes quantités d'azote, ils ne diminuent pas suffisamment la pénurie relative des phosphates. Le rapport entre les phosphates et les autres éléments est beaucoup moins modifié qu'avec les engrais qui ne contiennent pas d'azote ou pas de potasse ; et comme la fertilité d'une terre dépend bien plus du rapport qui existe entre ses divers éléments assimilables que de leurs quantités absolues, la fertilité se trouve moindre là où nous donnons, en même temps que l'élément qui fait défaut, ceux qui existent déjà en suffisante quantité. Tout naturellement ce défaut d'équilibre se fait sentir beaucoup plus fortement avec l'engrais intensif (n° 3) qu'avec l'engrais complet (n° 4). (L'engrais intensif contient le double des éléments, potasse, chaux, acide phosphorique et d'azote, renfermés dans l'engrais complet.) »

Influence des engrais sur la composition des jus.

Nous avons constaté qu'une masse cuite provenant de la fabrique de sucre de M. Wœstyn à Orlowetz (Russie), et obtenue avec des betteraves sans engrais (faible rendement à l'hectare, 16 à 25 000 kilogrammes) avait une composition sensiblement la même que celle d'une masse cuite d'origine française provenant de betteraves cultivées avec engrais (rendement relativement élevé à l'hectare).

Il en résulterait que les engrais, convenablement employés, tout en augmentant la production des racines à l'hectare, ne modifient pas la pureté des jus.

Exemples :

	Sucrerie d'Orlowetz.	Sucrerie française.
Eau	7.90	6.8
Sucre	81.50	83.0
Cendres	5.05	5.2
Matières organiques	6.05	5.0
Quotient de pureté	88.90	89.0
Quotient salin	6.20	6.2
Quotient organique	7.40	5.0

Le rendement en sucre à l'essai, par hectolitre de masse cuite, était le même.

Quantité d'alcalis enlevés par hectare, pour une production de sucre déterminée.

Nous avons dit que 100 grammes de sucre correspondent en moyenne à 14^g,3 de cendres totales (feuilles et racines) ; par conséquent, pour obtenir, par exemple , 7 500 kilogrammes

grammes de sucre à l'hectare, on doit fournir 1 072 kilogrammes de sels contenant :

Potasse.	400 kilog.
Soude.	115
Chaux.	115

De là on peut déduire facilement une formule d'engrais ; et en admettant qu'une partie des sels soit restituée par les feuilles et fournie par le sol, on arrive à la formule générale d'engrais recommandée comme demi-fumure par le Comité central des fabricants de sucre (1).

Nombre de pieds à l'hectare correspondant à 7 500 kilogrammes de sucre.

Une production de 7 500 kilogrammes de sucre à l'hectare, en admettant que les racines aient un poids moyen de 650 à 700 grammes, et une richesse saccharine de 12,5 à 13 pour 100 environ, correspond à 85 950 pieds à l'hectare (récolte, 62 000 kilogrammes) ; soit un écartement de 40 centimètres sur 25 ou de 35 centimètres en tous sens.

Le premier mode de culture a été employé avec succès par MM. Mariage (de Thiant).

Achat des betteraves.

La Société centrale d'agriculture du Pas-de-Calais (9 janvier 1875) a proposé, pour l'achat des betteraves, les bases suivantes, déduites de la densité des jus :

Densité du jus.	Correspondant à richesse saccharine.	Prix par 1 000 kilog.
1045	8	16 fr.
1050	9	18
1055	10	20
1060	11	21
1065	12	22

On pourrait, à notre avis, appliquer aux chiffres précédents un coefficient variable avec le prix moyen du sucre. Mais l'objection

(1) La proportion de nitrate de soude peut être élevée, d'après M. Pagnoul, jusqu'à 500 kilogrammes par hectare sur terres sans engrais, surtout si les racines sont rapprochées ; superphosphate, 400 à 500 kilogrammes, chlorure de potassium, 200 kilog.

qui nous paraît la plus importante est que le prix et la teneur en
sucre des betteraves suivent la même progression arithmétique:
Or on sait qu'on extrait proportionnellement plus de sucre des
betteraves riches que des betteraves pauvres. M. Parrayon a
constaté qu'on retirait :

```
60 pour 100 de sucre, de betteraves à 12.5 soit 7.50 pour 100
57    —           —            —      11.0      6.2
50    —           —            —       9.0      4.5
```

Il faudra donc, pour obtenir 100 kilogrammes de sucre :

```
1 333 kilog. de betteraves à 12.5 pour 100
1 593   —  .      —          11.0    —
2 213   —         —           9.0    —
```

On en déduit qu'une variation en moins de 2 (11 — 9) dans la
richesse saccharine correspond à une augmentation de 620 kilo ·
grammes de. betteraves, tandis que pour une différence en plus
de 1,5 il ne faut que 260 kilogrammes pour obtenir le même poids
de sucre ; or le rapport $\frac{2}{620}$ est inférieur à $\frac{1.5}{260}$.

M. Tardieu est d'avis « que la betterave riche n'est jamais payée
trop cher » (*Sucrerie indigène*, n° 13, 1874.) (1).

Il est vrai que plus les betteraves sont riches, plus elles donnent
de pulpe ; mais ce fait ne saurait rétablir l'équilibre quant aux
différences de prix que nous avons signalées précédemment.
En effet, admettons que le travail de 1 000 kilogrammes de
betteraves revienne à 14 francs, pour une extraction de
4,5 pour 100 de sucre, les betteraves ayant une richesse de 9.
D'où main-d'œuvre pour 100 kilogrammes de sucre $=$ 31 fr.

Si on suppose une teneur de 12,5 pour 100 et une extraction de
60 pour 100 de sucre, soit 7,5, on aura pour prix de revient de
100 kilogrammes de sucre : $\frac{75^k \text{ sucre}}{1000^k \text{ betteraves}} = \frac{100}{x}$, $x = 1333$ kilogrammes, et $\frac{1000^k}{14^r} = \frac{1333}{x}$, $x = 18^r,66$; soit, par 100 kilogrammes
de sucre, une différence de 12 fr. 34 pour une augmentation de
sucre de 3,5 pour 100 dans la betterave.

(1) Chaptal disait : « Plus les sucs sont pesants et plus ils contiennent de sucre
sous le même volume, et plus l'extraction est économique. » (Basset, p. 422, t. I.)

Par conséquent, si, pour 1333 kilogrammes de betteraves, on a 12 fr. 34 de bénéfice, pour 1000 kilogrammes on aura 9 francs. Or, en admettant que les betteraves à 9 pour 100 valent 18 francs, le prix des betteraves à 12,5 devrait être de 27 francs, et en les payant 24 francs, la différence 27 — 24 pourrait compenser les pertes par l'excès de pulpe et les frais résultant de l'augmentation du poids de la masse cuite.

On a récemment proposé de payer les betteraves d'après le nombre de pieds plantés à l'hectare, en se basant sur l'augmentation de la richesse saccharine résultant du rapprochement.

D'après nos calculs, on pourrait admettre les prix suivants, ou du moins leur rapport (1) :

			Par 1000 kilog.
Pour une récolte de	100 000	pieds à l'hectare	25 fr.
—	—	90 000	24
—	—	80 000	23
—	—	70 000	22
—	—	60 000	21
—	—	50 000	20

Conservation des betteraves.

En outre des considérations économiques de travail qui précèdent, on ne doit pas perdre de vue que les betteraves riches, en raison des petites dimensions du collet, perdent moins comme tare, et sont d'une conservation facile ; on sait en effet que l'altération des betteraves se manifeste particulièrement par la formation de matières, fongueuses noires, qui prennent rapidement naissance autour de la cavité qu'on rencontre généralement dans les betteraves pauvres. D'après M. Corenwinder, « ou doit rejeter les betteraves d'un grand diamètre à la naissance des feuilles ; elles sont presque toujours creuses, pauvres et se conservent mal (Walkhoff, éd. 1874, p. 178).

Pendant la campagne de 1874-75, des betteraves riches, pesant en moyenne 800 grammes, ne présentaient aucune trace d'altération le 3 mars et contenaient encore 13,6 pour 100 de sucre;

(1) En effet, suivant les années (sèches ou pluvieuses), un même nombre de pieds à l'hectare ne correspond pas toujours à une même richesse.

autres racines du poids de 350 grammes : en moyenne 15 et 16 pour 100 de sucre ; betteraves de M. Simon-Legrand, 25 mai 1875 : poids, 300 grammes ; teneur en sucre, 12 à 14 pour 100. Or, à cette époque, les rendements baissent en général considérablement par suite de l'altération des tissus et du développement des pousses (1).

On peut se rendre compte, par l'exemple suivant, de l'influence de l'altération des betteraves sur le rendement en sucre : on a additionné du jus de betteraves saines, de jus de betteraves ayant subi une altération prononcée, dans le rapport de trois quarts du premier et de un quart du second.

Jus de betteraves saines : quotient salin, 3,52 ; après double carbonatation : quotient de pureté par l'extrait sec, 90 ; quotient organique, 5,78.

Le liquide se troublait par l'oxalate d'ammoniaque sans former de précipité.

Après addition du jus des betteraves altérées, et carbonatation.

Quotient salin.	6.19
Quotient de pureté.	84.00
Quotient organique.	12.10

abondant précipité par l'oxalate d'ammoniaque.

Or on sait qu'une masse cuite, ayant la composition que nous venons d'indiquer, aurait fourni un rendement très-inférieur à celui du jus des betteraves saines.

La présence de la chaux est due à l'altération des betteraves et à la formation des sels organiques non décomposables par l'acide carbonique.

M. Pesier dit à cet égard (*Mémoire lu au Congrès de Lille*, septembre 1874) que les acides bruns, humoïdes, provenant de l'ébullition, avec la chaux, des matières protéiques du jus, neutralisent

(1) Composition des pousses de betteraves, d'après M. Barbet :

	Jus acide.
Eau	90.70
Cendres.	0.44
Sucre.	0.95
Glucose.	2.25
Matières azotées (dont azote $=$ 0,275).	4.80
Matières organiques.	3.86

une partie de la chaux et que l'alcalinité du jus diminue d'autant plus qu'il est de plus mauvaise constitution.

M. Pesier emploie ce caractère pour déterminer la qualité des jus. On ajoute de la chaux à un jus, on filtre et on prend le titre alcalin de la liqueur. On porte ensuite le liquide à l'ébullition, et on titre de nouveau. Si la différence d'alcalinité, avant et après l'ébullition, est faible, on peut en conclure à la bonne qualité du jus, et l'altération est proportionnelle à cette différence.

D'après nos essais, on peut aussi reconnaître la qualité d'un jus, d'après la quantité de matière azotée qu'il contient, lorsqu'il a été purifié à l'aide de la carbonatation.

Exemple : jus provenant de betteraves profondément altérées, renfermant pour 100 grammes de sucre : azote, 1,95.

Le même jus, après carbonatation, était visqueux, coloré et contenait encore pour 100 grammes de sucre : azote, 1,52.

Le même essai fait sur un jus de betteraves saines a donné pour 100 grammes de sucre : azote, 1,8 ; après carbonatation : azote, 0,85.

A propos de la conservation facile des betteraves riches, nous citerons les résultats suivants empruntés au *Journal des fabricants de sucre*, 1er avril 1875 :

	Sucre pour 100 de jus.	
Septembre 1874.	13.34	
Octobre.	13.39	14.40
Novembre.	13.46	14.15
Décembre.	13.10	
Janvier 1875	13.02	
Février.	»	12.5 et 13.11

On croit généralement que les betteraves pauvres renferment un excès d'azote, d'où résulterait une conservation difficile ; mais nous avons montré que la teneur en azote suit la même marche que la richesse saccharine. On doit plutôt, dans ce cas, attribuer la mauvaise conservation à la différence de constitution physique des tissus.

Prix des engrais.

D'une manière générale, on peut admettre que, pour une même teneur en éléments fertilisants (azote, acide phosphorique, potasse, etc.), le prix des divers engrais destinés à la culture de la betterave est sensiblement le même ; néamoins, si on rapporte ce prix à 100 kilogrammes de sucre, il peut varier de 2 à 5 francs, suivant la richesse de la betterave. Nous ajouterons que si, quelquefois, la dépense en fumier a dépassé de beaucoup celle d'un autre engrais, ce fait provient de ce qu'on n'a pas tenu compte du rapport des éléments fertilisants apportés dans les deux cas.

Aussi sommes-nous entièrement d'accord avec M. Joulie lorsqu'il dit : « Nous ne pouvons terminer cet article sans nous élever contre la funeste idée qu'ont eue certains agriculteurs de substituer aux essais méthodiques que nous venons d'indiquer, des essais de toutes sortes d'engrais, à dépense égale... C'est à richesse égale qu'il faut comparer les engrais et non à dépense égale (1). »

CULTURE DE LA BETTERAVE.

D'après un rapport de M. Corenwinder au comice agricole de Lille (1872) sur le mode de culture des betteraves :

« 1° La première condition, la principale, c'est de se procurer une graine issue d'une variété riche en sucre et améliorée par la sélection artificielle ;

« 2° Semer de bonne heure, surtout dans une terre fertile, afin que les racines puissent arriver à maturité ;

« 3° Cultiver sur de vieux engrais, c'est-à-dire appliquer son fumier avant l'hiver et le répartir dans le sol, le diviser le plus possible et l'enfouir par des labours profonds judicieusement opérés ; laisser reposer la terre pendant la morte saison et ne lui donner au printemps que des façons superficielles ;

« 4° Ne pas abuser des matières fertilisantes et éviter particulièrement d'appliquer des engrais liquides ou pulvérulents pendant le cours de la végétation. Dans un sol fumé récemment, la betterave ne cesse de croître et de se développer, et n'a pas atteint sa maturité au moment où on doit la conduire aux fabriques ;

« 5° Ne pas faire parquer les moutons même longtemps avant de préparer la terre ;

(1) *Guide pratique pour l'achat et l'emploi des engrais chimiques*, p. 130 (4e édition).

« 6° Semer en lignes espacées à une distance qui doit varier suivant la nature et la fertilité du sol et la manière de faire les binages ;

« 7° Nettoyer le champ après que les betteraves sont levées et ont pris un certain accroissement, sans attendre qu'elles soient étouffées par les mauvaises herbes ;

« 8° Démarier les betteraves avec précaution, c'est-à-dire ne pas déchausser celles qui sont destinées à rester en terre ; faire cette opération le plus tôt possible ;

« 9° Donner, même après avoir nettoyé la terre, quelques binages assez vigoureux entre les lignes pour favoriser l'émanation de l'acide carbonique confiné dans le sol et le mettre à la portée des feuilles ;

« 10° Ne pas faire revenir trop souvent les betteraves sur le même sol, et, si on cultive après le tabac, ne pas semer une variété dégénérée ayant une tendance à grossir outre mesure (1). »

M. Pagnoul, pour donner satisfaction au cultivateur et au fabricant de sucre, conseille (2) :

« 1° De choisir une bonne graine pouvant produire 50 000 kilogrammes de betteraves avec une richesse de 11 pour 100 dans les conditions ordinaires ;

« 2° Semer le plus tôt possible sur des terres assez bien préparées ;

« 3° Rapprocher les lignes à 42 centimètres (le travail ne permettant pas un rapprochement plus grand) et laisser les plantes à une distance de 20 centimètres sur la ligne ;

« 4° Employer l'engrais suivant, si l'on n'a mis aucune autre fumure :

Phosphate acide de chaux	500 kilog.
Chlorure de potassium.	200
Nitrate de soude.	500

. « Diminuer de moitié si l'on a mis 20 000 kilogrammes de fumier. »

(1) *Sucrerie indigène,* n° 16, 20 mars 1875.
(2) *Ibid.,* n° 18, 20 avril 1875.

7

RÉSUMÉ ET CONCLUSIONS

CULTURE DE LA BETTERAVE.

1° Les betteraves de bonne qualité ont en général un poids moyen de 7 à 800 grammes ; leur forme est allongée et pivotante, les feuilles sont nombreuses et rasent le sol ;

2° Il est utile de déterminer la nature du sol pour en déduire la composition des engrais nécessaires ;

3° Les éléments tels que l'azote, l'acide phosphorique, les alcalis (potasse, soude, chaux et magnésie), peuvent être employés sous diverses formes, telles que fumier, tourteaux, nitrates de soude et de potasse, chlorure de potassium, superphosphate de chaux, phosphate de chaux précipité, sulfates de magnésie, de chaux, d'ammoniaque, noir, vinasses, écumes, etc., en tenant compte de leur plus ou moins facile assimilation ;

4° L'état physique de la terre, qui exerce une grande influence sur la récolte, peut être modifié à l'aide de labours plus ou moins profonds, de fonçages, marnages, drainages, etc.;

5° Il est utile de connaître l'époque à laquelle on a recueilli les graines, pour n'employer que celles dont la germination est assurée ;

6° Les engrais, quelle que soit leur composition, ne doivent avoir qu'une action lente et progressive. Dans le cas contraire, on s'expose à brûler le végétal. Il est utile de mélanger les engrais chimiques avec une certaine quantité de matière inerte (terre, etc.), afin de les répartir plus uniformément ;

7° Le nombre de racines doit être d'environ 80 à 100 000 à l'hectare ; on déterminera la quantité d'engrais, organiques et minéraux, d'après la richesse saccharine présumée des betteraves;

8° Faire la sélection des betteraves, au point de vue du sucre, sans se préoccuper de la teneur en sels, qui diminue proportionnellement à mesure que la richesse saccharine augmente;

9° Ensemencer le plus tôt possible sur des terres labourées et fumées avant l'hiver ; on diminuera le nombre de manques en semant des graines mouillées ;

10° N'arracher la betterave qu'après maturité complète.

CONCLUSIONS GÉNÉRALES.

1° La betterave, au-delà d'une certaine limite, n'absorbe pas les matières salines proportionnellement aux quantités mises à sa disposition (Corenwinder, Pagnoul) ;

2° La formation de la mélasse doit être attribuée spécialement à la présence des substances organiques étrangères au sucre, surtout lorsque ces dernières sont combinées avec la chaux. La substitution de la soude à la chaux, dans ces combinaisons, augmente les rendements et peut déterminer la cristallisation de cuites immobilisées par suite de la présence de sels organiques de chaux ;

3° La saturation par l'acide chlorhydrique, de la chaux et des autres alcalis combinés aux matières organiques jouant le rôle d'acide, donne des résultats analogues à ceux qui précèdent (procédé Margueritte) ;

4° L'osmose, ainsi que les procédés de lévigation des mélasses additionnées de chaux (Lair, Manoury, etc.), en éliminant une partie des sels minéraux, ainsi que des matières organiques, donne lieu à une nouvelle cristallisation. L'action mélassigène de certains sels (chlorures), en tenant compte des quantités maxima contenues dans les jus sucrés de composition normale, n'a qu'une faible influence sur la cristallisation des masses cuites ;

5° On ne peut déduire la densité du jus de betterave de celle de la racine, en raison du volume de gaz (azote et acide carbonique) qu'elles renferment (Scheibler, Dubrunfaut, Champonnois, etc.), et qui peut s'élever de 40 à 50 centimètres cubes par kilogramme ;

6° (*). Les graines d'un petit diamètre fournissent des betteraves plus petites et plus riches en sucre que les grosses. Après quelques années de conservation, les graines ne germent plus (divers) ;

(*) P. C. et H. P.

7° (*). Les graines de betteraves varient dans leur composition : celles qui fournissent des betteraves riches contiennent moins de cendres et plus d'azote que les graines de betteraves pauvres ou fourragères ;

8° (*). La partie interne de la graine renferme moins de cendres et d'azote que l'enveloppe ;

9° On diminue la tendance des betteraves à devenir racineuses lorsqu'on fait germer les graines après les avoir mouillées (divers) ;

10° La richesse saccharine des betteraves est en général en raison inverse de leur poids et de l'écartement des racines (divers) ;

11° (*). Pendant la végétation, la quantité de matière azotée contenue dans les feuilles diminue et les cendres augmentent ;

12° (*). Sur une même betterave, les petites feuilles renferment plus d'azote et moins de cendres que les grosses ;

13° (*). Plus les jus sont riches en sucre et plus les feuilles contiennent de cendres ; le contraire a lieu pour l'azote ;

14° (*). 100 kilogrammes de sucre, quelle que soit la richesse de la betterave (végétal complet), correspondent à un poids sensiblement constant de matières salines et azotées. La quantité de sels enlevés au sol dépend donc non-seulement du poids des racines, mais aussi de leur richesse ;

15° (*). Le poids des feuilles, pour 100 kilogrammes de racines, augmente avec la richesse saccharine : il en est de même pour le nombre des feuilles de chaque racine ;

16° (*). La betterave cultivée normalement renferme d'autant plus d'azote qu'elle est plus riche en sucre ;

17° (*). La quantité de matières azotées contenues dans le jus paraît proportionnelle à celle que renferme la betterave ;

18° (*). 100 kilogrammes de sucre, sous forme de betteraves riches, entraînent en général la production d'une proportion de matières azotées plus grande que sous forme de betteraves pauvres ;

19° Le quotient salin du jus est en raison inverse de sa richesse saccharine ;

20° (*). Il ne paraît pas exister de rapport entre le poids des cendres d'un jus et celui des cendres de la racine ;

(*) P. C. et H. P.

21° La richesse saccharine est proportionnelle au nombre de zones de la betterave pour un même diamètre ;

22° La proportion du sucre augmente à mesure qu'on approche de la partie inférieure de la racine (Viollette, etc.) ;

23° La partie centrale de la betterave contient moins de sucre et plus de cendres, que celle qui avoisine la circonférence (Peligot, Viollette) ;

24° Les zones opaques sont plus riches que les zones translucides ;

25° Les graines de nature différente, cultivées sur un même terrain, peuvent donner naissance à des betteraves pivotantes ou racineuses ; et pour une même variété de graine, la forme des racines varie avec les terrains (Viollette, Vilmorin, etc.) ;

26° La densité des jus augmente avec la richesse saccharine des betteraves (divers) ;

27° A l'époque de la maturité, les pluies diminuent la richesse saccharine et le quotient de pureté des jus (divers) ;

28° (*). Le quotient de pureté des jus, déterminé par la densité (Balling), n'est pas proportionnel à celui qu'on obtient par l'extrait sec ;

29° Le poids de matière sèche, pour 100 grammes de betteraves, augmente avec la richesse saccharine (Payen). La quantité de sucre contenu dans les betteraves, pour 100 grammes de matière normale, représente approximativement 60 pour 100 du poids de la matière sèche (*) ;

30° (*). Le poids d'acide sulfurique nécessaire pour saturer toutes les bases contenues dans les salins de diverses provenances est sensiblement constant ;

31° (*). Les alcalis, solubles et insolubles, peuvent se remplacer partiellement dans les betteraves (végétal complet), et cette substitution a lieu suivant les équivalents chimiques ;

32° Les chlorures et sulfates alcalins sont répartis dans les betteraves (végétal complet) suivant leur diffusibilité ; et leur proportion diminue à mesure qu'on approche de l'extrémité de la racine (Péligot, Dubrunfaut, etc.) ;

33° L'absorption des chlorures augmente avec la quantité

(*) P. C. et H. P.

du sel mise à la disposition de la plante; elle a néanmoins ses
limites et elle n'est pas proportionnelle à cette quantité (Péligot);

34° Le rendement en racines par hectare dépend : de la nature
physique du sol, de la qualité de la graine, de l'écartement des
racines (qui doit varier suivant la nature de la graine), et des
engrais; ces derniers, convenablement employés, permettent de rapprocher les racines, d'où résulte une augmentation de la richesse
saccharine et du rendement en racines à l'hectare (divers);

35° (*). Pour une égale production, le prix des engrais rapporté à 100 kilogrammes de sucre, en tenant compte de la proportion des matières fertilisantes qu'ils renferment et de leur degré
d'assimilation, ne subit que de légères variations.

(*) P. C. et H. P.

NOTES ADDITIONNELLES

Lorsqu'on veut comparer entre elles des betteraves de provenances diverses, il est nécessaire de connaître :

1° Le poids de la racine ;

2° Sa forme (longueur et diamètre) ;

3° Le mode de culture (labours, défonçage, écartement des lignes et sur les lignes, humidité du sol, température moyenne);

4° La nature de la graine ;

5° Les engrais employés (poids et composition);

6° La richesse en sucre du jus ou de la racine ;

7° Le quotient de pureté du jus épuré;

8° La date de l'essai.

En général, pour établir le quotient de pureté des jus de betteraves, on emploie le densimètre Balling, ou, ce qui est préférable, on détermine le poids de l'extrait sec renfermé dans 100 centimètres cubes de jus, et on le rapporte au poids du sucre; mais les résultats ainsi obtenus ne présentent qu'une faible valeur, attendu que sous le même poids, les matières étrangères au sucre peuvent varier dans leur composition, et sont par conséquent plus ou moins éliminables par le traitement qu'on fait subir aux jus pendant la fabrication du sucre.

M. Basset dit avec raison à ce sujet (t II , édit. 1872, p. 469) : « Un jus étant donné, le polarimètre accuse tant de sucre, la dessiccation tant de matières solides. Une proportion dans le rapport $100 : x$ donne le coefficient de pureté quant au jus. Cela est exact au moment où l'on opère ; cela sera faux après la purification, et c'est seulement alors que ce chiffre aurait de la valeur, puisqu'il indiquerait le quotient des matières étrangères restant avec le sucre, et, partant, l'influence de ces matières sur la cristallisation. »

Il résulte de là que, pour apprécier la pureté des jus de betteraves, on doit les soumettre d'abord à la double carbonatation (ou au mode d'épuration que l'on suit en fabrique), en opérant chaque fois d'une manière identique.

Dans le cas de la double carbonatation, on opérera comme suit :

Prendre environ 2 kilogrammes de betteraves, râper, ajouter à la pulpe 25 à 30 pour 100 d'eau et presser ; additionner le jus, de 2g,5 pour 100 de chaux, sous forme de lait à 20 pour 100 ; porter à la température de 55 degrés, carbonater et élever graduellement la température à 75 degrés vers la fin de l'opération ; filtrer ou décanter, ajouter 1 gramme de chaux pour 100 centimètres cubes et saturer la chaux libre par un excès d'acide carbonique, faire bouillir et filtrer.

Dans le jus concentré, déterminer l'extrait sec sur 20 centimètres cubes, et rapporter le poids du sucre au poids de matière sèche.

Exemple : soit un jus contenant 9g,2 de sucre pour 100 centimètres cubes ; extrait sec, 2 grammes pour 20 centimètres cubes, soit : 10 grammes pour 100 centimètres cubes ; d'où $\dfrac{10}{9,2}=\dfrac{100}{x}$, $x = 92$ coefficient ou quotient de pureté.

Le quotient de pureté obtenu directement par l'essai des jus, après deuxième carbonatation et filtration sur le noir, ne correspond pas exactement à celui que fournirait le même jus évaporé et amené à l'état de masse cuite. En effet, pendant l'évaporation dans le vide, sous l'influence de la chaleur et des alcalis contenus dans le jus, le sucre se modifie en partie, et le quotient de pureté peut diminuer de 1 à 2 degrés.

DE L'ÉTAT DE LA CHAUX DANS LES JUS.

M. Pesier, d'après une note lue au Congrès de Lille (*Association pour l'avancement des sciences*), n'admet pas la formation de sucrate dans la défécation : ceci résulte sans doute de la faible quantité de chaux employée dans cette opération ; il n'en est plus de même pour des proportions plus élevées de chaux.

D'après nos essais, les jus sucrés dissolvent un poids de chaux proportionnel à leur teneur en sucre.

Exemple : on a additionné un jus de :

1 pour 100 de chaux.		
2	—	—
3	—	—
4	—	—
5	—	—

100 centimètres cubes de jus renfermaient 6.2 pour 100 de sucre.

La liqueur a été portée à l'ébullition ; on a retrouvé, après filtration, pour les quatre essais 3ᵍ, 3 de chaux par litre ; dans les mêmes conditions de traitement :

Richesse du jus ou de la solution sucrée.	Chaux ajoutée pour 100 centimètres cubes.	Après ébullition chaux dissoute, par litre.
2.75	1	1.35
2.00	excès	6.00

Soit 5 grammes de chaux dissoute pour 100 grammes de sucre. Le sucrate formé aurait donc pour formule $CaO, 3 (C^{12}H^{11}O^{11})$.

A la température de 60 degrés environ, les solutions sucrées dissolvent les proportions de chaux suivantes :

	Chaux ajoutée.	Chaux dissoute.	Soit chaux pour 100ᵍʳ de sucre.
10 pour 100 de sucre. . .	2ᵍ.5 et 5 pour 100	1ᵍ.12 pour 100ᶜᶜ	11.2
5 — — . . .	2.5 et 5 —	0.42 —	8.4
2.5 — — . . .	2.5 et 5 —	0.175 —	7.

Le même essai à froid aurait donné, d'après M. Péligot :

Chaux dissoute.	Chaux pour 100ᵍʳ de sucre.
2ᵍ.21 pour 100ᶜᶜ	22.1
0.903 —	18.1
0.43 —	17.0

DE L'ÉTAT DU SUCRE DANS LES ÉCUMES.

Quantités calculées de sucre à l'état de sucrate insoluble, contenu dans les écumes.

	Jus des écumes.		Écumes.		Sucre devant exister dans les écumes, d'après le rapport entre les quantités de sucre et d'eau contenus dans le jus et dans les écumes.	Sucre à l'état insoluble.
	Eau.	Sucre.⁷	Eau.	Sucre.		
1º	90	7.7	32	3.70	2.74	0.96
2º	91	7.4	30	2.95	2.44	0.51
3º	91	7.2	40	3.90	3.10	0.80
4º	90	7.6	41	4.10	3.50	0.60

On rencontre cependant des écumes qui ne contiennent qu'une très-faible proportion de sucre à l'état insoluble ; mais, dans tous les cas, pour faire l'analyse des écumes, il est utile de les traiter d'abord à l'ébullition par une solution faible de carbonate de soude ou d'ammoniaque ; on peut aussi saturer la chaux par l'acide carbonique, mais cette opération exige un temps plus considérable, ainsi qu'une dilution plus grande des liqueurs.

L'essai direct d'une écume par l'eau a donné 3.1 pour 100 de sucre ; après traitement par le carbonate de soude ou l'acide carbonique, 3.5, soit 0.4 pour 100 de sucre à l'état insoluble.

SUR LA PRÉSENCE DES CHLORURES DANS LES CRISTAUX DU SUCRE.

M. Viollette a constaté la présence d'une grande quantité de chlorure de potassium dans un échantillon de sucre de troisième jet, nuance 7/9. D'après ce savant, la composition de ce sucre était la suivante (1) :

Sucre de cannes.	54.10
Sucrate de chlorure de potassium.	36.22
Sucre interverti.	0.10
Eau.	3.50
Acides organiques, environ 1.20 pour 100 . . . . . } Matières organiques, eau de combinaison, 2.67 p. 100 }	3.87
Sulfate de potasse.	1.06
Nitrate de potasse.	0.30
Oxyde de potassium combiné aux matières organiques.	0.79
Oxyde de sodium combiné.	0.01
Matières insolubles, minérales.	0.05
	100.00

Analyse comparative d'un échantillon moyen provenant de douze fabriques des environs de Douai (Viollette) :

Sucre de canne..	89.000
Sucre interverti.	0.250
Sulfate de potasse.	0.730
Chlorure de calcium.	0.546
Potasse combinée aux acides organiques.	0.479
Soude combinée aux acides organiques.	0.430
Matières minérales insolubles.	0.255
Eau.	3.830
Inconnu.	4.435
	100.000

D'après les travaux de M. Riffard, la présence du chlorure de potassium doit être attribuée, dans le cas présent, à la nature des eaux, qui contenaient de notables quantités de chlorures de po-

(1) *Comptes rendus de l'Académie.*

tassium et de sodium, ainsi qu'au résidu salin laissé par l'eau employée à la râpe.

Les betteraves ont donné 1ᵍ,481 de cendres directes, renfermant 11ᵍ,6 pour 100 de chlore, 43ᵍ,4 pour 100 de potasse, 7ᵍ,3 pour 100 de soude.

Aux environs des terres cultivées, on rencontrait une eau contenant par litre jusqu'à 21 grammes de chlorures de potassium et de sodium.

Les sucres obtenus ont donné à l'analyse les résultats suivants : Premier jet, composition normale ; deuxième jet, rendement 45 kilogrammes à l'hectolitre, n° 13.

Composition des sucres bruts.

Sucre..	87.000	88.000	84.50	9.00
Cendres.	5.094	5.904	5.58	4.86
Eau	4.200	2.400	8.39	3.74
Rendement au coefficient 5.	61.53	58.58	56.60	65.70

La présence du chlorure de potassium dans le sucre turbiné, s'explique par la facilité relative avec laquelle le mélange de sucre et de ce sel cristallise, tandis que le mélange de sucre et de chlorure de sodium, qui conserve longtemps l'état visqueux, est enlevé par le turbinage.

Les sucres de deuxième jet refondus, ont produit par hectolitre 45 kilogrammes de sucre blanc premier jet ; sirops d'égout recuit, rendement 23 kilogrammes ; on aurait encore pu obtenir une cristallisation en troisième jet.

RENDEMENTS EN SUCRE (ANNÉE 1873-1874) [1].

France. — Degré moyen du jus, 3.9, récolte par hectare, environ 30 à 35 000 kilogrammes. Nombre d'hectolitres de jus, 65 432 394. Sucre pris en charge, 387 112 809 kilogrammes. Hectolitres de masse cuite, 3 944 672.

Rendement en sucre de premier jet par hectolitre de masse cuite, 69 kilogrammes (soit environ 46 kilogrammes pour 100 kilogrammes de masse cuite). Sucre de premier jet par hectolitre de jus, 4ᵏ,17.

Rendement en masse cuite, à l'hectolitre par degré du jus, 1ˡ,6 ; $1.6 \times 3°.9 = 6.02$ ou en poids 8ᵏ,72.

[1] D'après le *Journal des Fabricants de sucre*, 20 août 1875.

Masse cuite de deuxième jet en hectolitres, 2 158 422, ou $3^l,29$ par hectolitre de jus, ou en poids $4^k,77$.

Rendement en sucre de deuxième jet par hectolitre de masse cuite de deuxième, 40, ou sucre $1^k,31$ par hectolitre de jus.

Masse cuite de troisième jet en hectolitres, 1 200 733 hectolitres ou $1^l,83$ par hectolitre de jus ou en poids $2^k,65$.

Rendement en sucre de troisième jet par hectolitre de masse cuite de troisième, 18, ou sucre $0^k,22$ par hectolitre de jus.

En résumé :

Sucre, 1ᵉʳ jet	. . . .	4.17
— 2ᵉ jet	. . . .	1.31
— 3ᵉ jet	. . . .	0.22
Sucre total	. . .	5.70
Mélasse, environ	. . . . . .	3 kilog. par hectolitre de jus.

En Prusse (Poméranie et Oderbruch.) (*Journal des fabricants de sucre*, 3 juin 1875), on a obtenu les résultats suivants :

	Sucre pour 100 de jus.	Masse cuite pour 100.	Sucres de tous jets.
1874-75	13.29	12.78	8.90
1873-74	11.92	11.40	8.24
1872-73	12.08	11.69	8.04
1871-72	12.55	12.03	8.47

Récolte en racines par hectare :

1874	. . . . . .	25 700 kilog.
1873	. . . . . .	29 400 —
1872	. . . . . .	28 300 —
1871	. . . . . .	18 700 —

En Allemagne, d'après le *Zeitschrift* (avril 1875), campagne de 1874-75 (*Journal des fabricants de sucre*, nᵒ 12, 1ᵉʳ juillet 1875).

Jus : degrés Brix	. . . .	16.60
Teneur en sucre	. . . .	13.52 pour 100.
Teneur en non-sucre	. . . . . .	3.02 —
Non-sucre sur 100 parties de sucre	.	22.33
Coefficient (de pureté)	. . . . . .	82.03
Richesse saccharine en comptant 95 pour 100 de jus	. . . .	12.84 pour 100 de betteraves.
Masse cuite obtenue	. . . .	14.11 —
Teneur en sucre (masse cuite)	. . .	83.11 —
Sucre obtenu (total : 1.2.3 et mélasse)	11.60 —
Perte totale en sucre	. . . .	1.240
— dans les écumes, etc.	.	0.522
— non dosable ou inconnu.	0.718
Noir employé pour l'épuration du jus	. . . .	18.35

Moyenne en France :

Jus : degrés Brix.	13.4
Teneur en sucre.	11.0
Coefficient de pureté.	80.0
Richesse saccharine, en comptant 9 pour 100 de jus	10.45 pour 100.
Masse cuite obtenue..	8.8
Teneur en sucre.	81.0
Sucre obtenu (total : 1.2.3 et mélasse)	7.13
Noir employé à l'épuration du jus.	3 à 7 pour 100.

RELATIONS ENTRE LA BETTERAVE ET LA CANNE A SUCRE (1).

Richesse saccharine et matière sèche.

Nous avons vu qu'il existe un rapport constant entre la richesse saccharine des betteraves et le poids de matière sèche.

La canne à sucre présente un fait analogue. Ce rapport, déduit d'un certain nombre d'analyses, correspond à $\frac{63}{100}$, c'est-à-dire que 100 grammes de matière sèche renferment 63 grammes de sucre.

100 grammes de canne contiennent :

D'après MM.	Dupuy.	Payen.	Péligot.	Dupuis.	P. C. et H. P.
Eau.	72.0	71.04	72.10	72.00	70.0
Matière sèche. . . .	28.0	28.96	27.90	28.00	30.0
Sucre..	17.8	18.00	18.00	17.00	18.9
Sucre calculé d'après le coefficient $\frac{63}{100}$..	17.64	18.24	18.50	16.64	19.0

D'après les analyses du docteur Icery (*Recherches sur le jus de la canne à sucre*, p. 30) :

Eau.	Sucre.	Rapport entre le poids de sucre et la matière sèche.
69.8	20.0	66.0
68.2	20.9	65.7
70.3	19.7	66.3
67.8	19.6	60.8
71.6	19.7	69.1
69.5	19.0	62.9
70.3	18.6	62.9
70.3	20.3	67.1
69.0	19.8	63.1
72.9	18.7	68.2
69.7	19.6	64.6
66.9	21.4	64.6
70.3	21.0	70.0
Moyenne.......		65.5

(1) Les résultats suivants ont été obtenus en collaboration avec M. P. Bertin.

Richesse du jus comparée à la densité :

Densité.	Sucre p. 100ᶜᶜ.	D'après M. Icery.
1058	12.70	12.4
1067	13.05	15.2
1073	17.34 }	
1075	17.36 }	18.0
1084	19.35	21.7
1087	20.16	23.0
1089	21.53	23.7

Relation entre la canne et la betterave au point de vue de la densité des jus et de la richesse saccharine.

A densité égale, les jus de canne et de betterave renferment sensiblement la même proportion de sucre.

D'après les résultats de M. Icery :

Densité du jus de canne.	Sucre p. 100ᶜᶜ de jus de canne.	Sucre p. 100ᶜᶜ de jus de betterave de même densité. P. C. et H. P.
1039	7	6.8
1053	10	10.6
1065	14	13.8
1066	14	14.1
1075	17	16.5
1078	17	17.3
1083	19	18.7

D'après nos essais :

Densité du jus de canne et de betterave.	Richesse saccharine. Jus de canne.	Richesse saccharine. Jus de betterave.
1058	12.70	12.0 à 13.0
1067	13.05	13.3 à 13.7
1073	17.30	16.0 à 17.0
1084	19.30	18.5 »

Les petites cannes paraissent renfermer plus de sucre que les grosses.

Diamètre.	Richesse du jus.	Diamètre.	Richesse du jus.
27ᵐᵐ	20ᵍ.16	38ᵐᵐ	13ᵍ.05
23	21ᵍ.53	34	17ᵍ.34

La partie supérieure des cannes est plus riche en sucre que la partie inférieure.

Partie supérieure.	Partie inférieure. (Mêmes cannes.)
19.33	20.11
12.70	17.34
18.81	21.53

M. Icery avait déjà constaté le même fait.

Relations entre les proportions de glucose et le sucre cristallisable contenus dans le jus de canne.

Les cannes pauvres fermentent facilement et renferment plus de glucose que les cannes à richesse élevée.

Sucre.	Glucose.
21.53	0.07
20.11	0.14
19.33	0.17
18.81	0.13
17.34	0.66
12.70	1.60

D'après les notes publiées par M. Icery (*Recherches sur le jus de la canne à sucre*, p. 27, 1865) :

Numéros du tableau.	Richesse du jus en sucre cristallisable.	Glucose p. 100cc du jus.	Quotient glucose.
45	1.6	1.1	68.7
63	2.5	1.3	52.0
2	5.0	2.0	40.0
64	5.2	1.2	23.0
18	7.0	3.0	42.8
19	7.0	4.0	57.0
20	8.0	2.5	31.2
65	9.4	1.4	14.8
27	12.4	1.6	12.9
44	12.8	1.2	9.3
75	14.0	0.5	3.5
43	16.5	0.5	3.0
42	16.7	0.3	1.79
21	16.7	0.3	1.79
26	16.76	0.24	1.43
62	17.9	0.30	1.6
66	21.0	0.5	2.3

La quantité d'ammoniaque, dans les jus de canne, est en raison inverse de la proportion de sucre.

Sucre pour 100^{cc} de jus.	Azote des sels ammoniacaux.
12.70	0.0036
17.34	0.0035
18.81	0.0020
21.53	0.0014

La teneur en azote paraît augmenter avec la richesse saccharine.

Richesse.	Azote pour 100 de matière normale.
19.17	0.049
21.02	0.008

Relation entre la richesse saccharine des jus de canne
et le poids des cendres.

D'après le tableau de M. Icery, les jus de 1 à 10 pour 100 de sucre renferment : cendres, 0.41 (moyenne de cinq essais).

Les jus de 10 à 20 pour 100 de sucre renferment : cendres, 0.29 (moyenne de treize essais).

D'après M. Avequin (Boussingault, *Economie rurale*, t. I, p. 248) :

Densité du jus.	Cendres pour 100^{cc}.
1077	0.225
1069	0.236
1065	0.260
1058	0.293
1054	0.320
1050	0.380
1042	0.510
1035	0.723

Le quotient salin des jus de betterave riches se rapproche de celui des jus de canne de même densité.

Jus de betterave, à 18 pour 100 de sucre, Sels pour 100 de sucre, 3.1 à 4 gr.
Jus de canne, à 17.3 — — — . — 4.0 »

Analyses des feuilles de canne.

Pour 100 grammes de feuilles de canne sèches :

	G. Ville.	P. C. et H. P.
Cendres pour 100.	8.3	7.50
Azote..	1.1	0.53

Composition des cendres de canne.

	Feuilles de cannes de la Guadeloupe, analysées par M. G. Ville (1), provenant de cannes		Feuilles de cannes de Malaga, P. C. et H. P. Cannes de culture ordinaire.
	Fumées.	Non fumées.	
Acide carbonique . .	3.800 p. 100	3.176 p. 100	1.3 p. 100
Acide phosphorique.	1.276	1.390	4.2
Acide sulfurique. . .	2.440	2.440	5.3
Chlore.	1.534	1.812	10.0
Potasse.	13.400	6.354	26.0
Soude.	2.553	2.269	0.7
Chaux.	9.041	1.741	4.5
Magnésie.	2.727	2.173	6.9
Oxyde de fer. . . .	0.922	1.070	traces.
Silice soluble. . . .	31.558	25.222 Silice totale. . . . }	42.2
Silice insoluble. . .	30.442	46.733 Charbon. . . . . . }	0.6
			101.7
		Oxygène correspondant au chlore. .	2.2
			99.5

Analyses de cendres de canne.

	Cannes de la Guadeloupe		Cannes de Malaga. Culture ordinaire. P. C. et H. P.
	Fumées.	Non fumées (1).	
Acide carbonique . .	0.581 p. 100	» p. 100	3.0 p. 100
Acide phosphorique.	6.666	3.422	10.1
Acide sulfurique. . .	15.000	18.483	7.8
Chlore.	traces.	traces.	12.0
Potasse.	9.653	5.429	42.7
Soude.	9.000	4.310	1.0
Chaux.	6.444	13.750	7.0
Magnésie.	7.774	5.800	5.4
Oxyde de fer. . . .	0.550	0.625	traces.
Silice soluble. . . .	18.888	25.156 }	
Silice insoluble. . .	23.120	22.810 } Silice totale. . . .	13.5
			102.5
		Oxygène correspondant au chlore. .	2.7
			99.8

(1) *Les Engrais chimiques*, par G. Ville, t. II, p. 62.

INFLUENCE DES SELS AMMONIACAUX ET DES SELS ALCALINS EMPLOYÉS COMME ENGRAIS.

M. Deherain a publié récemment un important mémoire sur le essais de culture faits à la ferme de Rothamsted par MM. Lawes et Gilbert (*Revue scientifique*, n° 46). Ces essais présentent un grand intérêt, en raison des conclusions diverses qu'on peut en tirer. Nous extrayons de ce mémoire un certain nombre de documents, d'où il paraît résulter, à notre point de vue, que dans certains cas, les sels ammoniacaux et alcalins jouent un rôle différent de celui qu'on leur a assigné.

Champ de Broadbalk. — Culture du blé, répétée continuellement sur le même sol.

Numéros des parcelles	Engrais distribués par hectare et par an.	Produit par hectare (Moyenne par an, pendant 20 ans, 1852-1871.)			
		Poids total du grain.	Grain récolté.	Poids de l'hectolitre.	Paille.
3.	Sans engrais.	$897^k.7$	$12^h.6$	$71^k.25$	1625^k
0.	Superphosphate de chaux, 1311^k.	1152.7	15.9	72.50	1875
1.	Sulfate de potasse, 672^k, Sulfate de magnésie, 336^k. Sulfate de soude, 336^k	978.7	13.5	72.50	1625
5.	224^k sulfate de potasse. 112^k sulfate de soude. 112^k sulfate de magnésie. Superphosphate CaO, 437^k.	1109.2	15.5	72.50	1875
6.	224^k SO^3KO. 112^k SO^3NaO. 112^k SO^3MgO. 437^k superphosphate CaO. Sels ammoniacaux, 224^k (1).	1725.7	23.4	73.75	3000
7.	224^k $.SO^3KO$. 112^k SO^3NaO. 112^k SO^3MgO. 437^k superphosphate CaO. Sels ammoniacaux, 448^k.	2323.1	31.5	73.75	4373
8.	224^k SO^3KO. 112^k SO^3NaO. 112^k SO^3MgO. 437^k superphosphate CaO. Sels ammoniacaux, 672^k.	2523.2	34.2	73.75	5125
10.	448^k sels ammoniacaux.	1515.0	21.1	71.80	5125
11.	448^k sels ammoniacaux. 437^k superphosphate de chaux.	1795.5	25.2	71.25	5250
12.	448^k sels ammoniacaux. 437^k superphosphate de chaux. 576^k sulfate de soude.	2190.3	29.7	73.75	4000
13.	448^k sels ammoniacaux. 437^k superphosphate de chaux. 224^k sulfate de potasse.	2190.3	29.7	73.75	4125
14.	448^k sels ammoniacaux. 437^k superphosphate de chaux. 313^k sulfate de magnésie.	2190.3	29.7	73.75	4000

(1) Mélange par parties égales de sulfate et de chlorhydrate d'ammoniaque.

En comparant les résultats précédents on voit : 1° que l'emploi d'une quantité considérable de sels alcalins n'augmente que de 84 kilogrammes la récolte en blé.

2° (Parcelle 10). Lorsqu'on substitue à ces sels un mélange de sels ammoniacaux, la récolte s'est élevée à 1545 kilogrammes pour le grain, et à 3425 kilogrammes pour la paille. On peut donc admettre dès à présent que le sol renfermait une notable quantité de sels alcalins (potasse, magnésie, chaux) assimilables. D'un autre côté (parcelle n° 0), avec 1311 kilogrammes de superphosphate, on a obtenu $1152^k,7$ de blé, tandis que (parcelle n° 5), en diminuant la proportion d'acide phosphorique et en ajoutant des sels alcalins, le résultat a été sensiblement le même. Les sels alcalins ne paraissent donc avoir agi que par leur présence, sans prendre part à l'accroissement de la récolte par assimilation. Pour une même proportion d'acide phosphorique (parcelles 6, 7, 8), si on augmente graduellement les sels ammoniacaux, la récolte atteint 2523 kilogrammes $(34^k,2)$.

Évidemment, dans ce cas il y a un grand excès d'azote sur la quantité nécessaire à la récolte. En effet, si on ajoute aux 224 kilogrammes de sels ammoniacaux de la parcelle n° 6, l'azote ammoniacal, nitrique et organique contenu en moyenne dans les terres arables (sans tenir compte de l'azote apporté par l'air et les pluies), on arrive à un chiffre de beaucoup supérieur déjà à la teneur en azote des récoltes de blé les plus élevées.

Le rôle des sels d'ammoniaque, de potasse, de soude et de magnésie, ne se borne donc pas à fournir aux végétaux les éléments nécessaires à leur constitution; mais si l'on fait intervenir un deuxième mode d'action, qui consiste dans la solubilité des phosphates de chaux dans les sels ammoniacaux et alcalins, les faits que nous venons de signaler trouvent une explication facile.

M. Joffre (1) a constaté qu'en insolubilisant partiellement le superphosphate à l'aide du carbonate de chaux, au bout d'un certain temps il ne restait plus dans le mélange que 21.8 pour 100 d'acide phosphorique soluble, tandis que par l'addition du sulfate d'ammoniaque cette proportion s'élevait à 30.9 pour 100.

En admettant que les sels de potasse et de magnésie aient pour résultat de solubiliser partiellement l'acide phosphorique, on se rend compte ainsi de l'excès de rendement des parcelles 12, 13 et 14 sur la parcelle 11.

(1) *Moniteur scientifique*. Quesneville, 1875.

M. Deherain, pour expliquer ce rendement, admet que l'addition du sulfate de soude a aidé l'assimilation de la potasse ; mais on ne doit pas perdre de vue que le sulfate de magnésie (parcelle 14) a fourni exactement le même rendement en blé et en paille que le sulfate de soude ; on serait donc conduit, dans cette hypothèse, à admettre aussi la similitude d'action de la soude et de la magnésie.

A priori, on aurait pu supposer que la soude et la magnésie avaient agi en se substituant partiellement à la potasse suivant les équivalents chimiques, comme nous avons récemment montré que cela avait lieu pour les alcalis contenus dans les cendres des végétaux, lorsque l'un d'eux fait défaut. Mais les analyses suivantes, faites par nous sur les quatre échantillons de blé correspondant aux parcelles 11, 12, 13 et 14, montrent que cette hypothèse ne saurait être admise, et que, dans tous les cas, le sol contenait une proportion suffisante des alcalis assimilables, pour ne pas donner lieu à la substitution (1).

Pour 100 gr. de cendres de blé :	Parcelles 11	12	13	14
Acide phosphorique	»	47.3	47.3	52.5
Soude	traces.	traces.	traces.	traces.
Potasse	38.7	37.8	40.8	44 2
Chaux	4.8	2.3	1.9	2.2
Magnésie	10.7	11.8	11.8	10.3 (2)

On voit que dans aucun cas la soude n'existe en proportion notable, et que les autres alcalis n'éprouvent que de faibles variations.

Les résultats obtenus par M. Wœlcker dans la culture du navet en Suède (Bobierre, *Chimie agricole*, p. 250) confirment ce qui précède. Dans ces essais, le superphosphate, le sulfate d'ammoniaque, le sel marin, l'azotate de soude et le sulfate de potasse, isolément, ont accru les rendements.

(1) Nous devons ces échantillons à l'excessive obligeance de MM. Lawes et Gilbert.

(2) Les résultats ci-joints ont été obtenus en calcinant le blé et en traitant à plusieurs reprises le charbon par de l'acide chlorhydrique étendu. Sur un volume donné de la liqueur, on a dosé l'acide phosphorique et les sels, et on a rapporté à 100 grammes de cendres, en prenant comme point de départ la quantité d'acide sulfurique, calculée sur un grand nombre d'analyses, et capable de saturer toutes les bases.

Dans les parcelles 12 et 13, le poids de l'acide phosphorique, contenu dans les cendres de blé, représente la moyenne des diverses analyses que nous avons déjà signalées.

Parcelle n° 10. Sans engrais.. . . . . »   37 360ᵏ à l'hect.   Excès sur la parcelle sans engrais.

—   17. Cendres d'os dissoutes. 380ᵏ 52 775   —   15 415ᵏ
—   9. Sulfate d'ammoniaque 127   40 352   —   2 992
—   12.   —   —· 254   42 892   —   5 532

On voit que les rendements ont augmenté proportionnellement au poids de sulfate d'ammoniaque employé et le tableau dont nous avons extrait les chiffres précédents, montre que le sel marin, le sulfate de potasse et le nitrate de soude ont agi dans le même sens que les sels ammoniacaux, en solubilisant l'acide phosphorique.

D'ailleurs, l'action dissolvante de certains sels sur le phosphate de chaux a déjà été établie par plusieurs auteurs.

Liebig, d'après des essais faits en Bavière sur l'orge, avait constaté que le sel marin fournissait le même résultat que l'azotate de soude et le sulfate d'ammoniaque, et il expliquait ce fait par l'action dissolvante du sel sur le phosphate de chaux.

M. Bobierre (1) dit que les sels ammoniacaux et les combinaisons salines diverses dissolvent le phosphate de chaux. M. Wœlcker (2) avait établi la solubilité du phosphate de chaux gélatineux dans l'eau et dans les dissolutions de divers sels, tels que le carbonate d'ammoniaque, l'azotate de soude, le chlorhydrate d'ammoniaque, le sel marin.

M. Deherain en 1858 avait aussi étudié l'action dissolvante des sels alcalins sur le phosphate de chaux.

Comme suite à ce qui précède, nous avons déterminé la solubilité, dans différents sels, du phosphate de chaux tribasique, et d'un mélange de phosphates de chaux.

Quantités d'acide phosphorique dissoutes par les sels et rapportées à 100 grammes de matière normale. (Eau, 100ᶜᶜ; phosphate, 5 grammes; ébullition, un quart d'heure.

	Mélange de phosphate de chaux soluble, rétrogradé. insoluble, et de phosphate précipité. Acide phosphorique dissous.	Phosphate de chaux tribasique pur. Acide phosphorique dissous.
Carbonate de soude, 5 grammes. .	4ᵍ.8	17.00
Chlorure de potassium — . .	4.0	2.62
Chlorure de sodium — . .	4.2	1.76
Sulfate de soude — . .	4.8	2.24
Sulfate de magnésie — . .	6.3	1.30
Oxalate d'ammoniaque — . .	21.0	38.00
Eau distillée — . .	1.1	0.8 (3)

(1) *Chimie agricole*, p. 345.
(2) Bobierre. *Chimie agricole*, p. 336.
(3) On sait que les plantes peuvent emprunter au sol. de la potasse contenue sous

On ne devrait cependant pas conclure de ce qui précède que les sels ammoniacaux et alcalins exercent une action dissolvante aussi énergique sur l'acide phosphorique insoluble renfermé dans le sol, que sur les phosphates employés dans nos essais ; diverses circonstances, telles que l'état de division des superphosphates et des phosphates précipités, pouvant modifier d'une manière considérable la solubilité, en dehors des combinaisons dans lesquelles l'acide phosphorique est engagé dans le sol.

En résumé, les sels ammoniacaux et les sels alcalins (potasse, soude, chaux, magnésie) employés comme engrais, auraient pour fonction, non-seulement de fournir aux végétaux une partie des éléments nécessaires à leur constitution, mais aussi de rendre assimilable l'acide phosphorique ; et dans le cas où le sol contient par lui-même ces éléments en quantité suffisante, cette fonction se réduirait à une seule.

Il en résulte que la valeur d'un engrais ne dépend pas seulement de sa teneur en azote, acide phosphorique, potasse, chaux, magnésie ; et que tels sels, sans action directe sur la végétation, mais facilitant la dissolution et par suite l'assimilation de l'acide phosphorique, jouent vis-à-vis du développement des végétaux, un rôle aussi important que les autres sels assimilables.

Les considérations qui précèdent s'appliquent aussi au mode d'action des engrais employés dans la culture de la betterave.

CORRECTIONS RÉSULTANT DE L'INFLUENCE DE TEMPÉRATURE SUR LA DENSITÉ ET LA TENEUR EN SUCRE DES SOLUTIONS SUCRÉES.

1° *Correction de la densité.* — Il résulte de nos essais, que le coefficient de dilatation de l'eau sucrée est le même que celui de l'eau distillée : par suite, les différences de densité d'une solution sucrée, pour une même élévation de température, sont plus considérables pour les solutions concentrées que pour les liqueurs étendues.

Exemples : D'après les tables de Despretz, l'eau distillée à 20 degrés pèse 998^g,213 ; et à 4 degrés, 1 000 grammes.

---

forme de feldspath ; nous avons pensé que la présence de certains sels pouvait activer la décomposition du feldspath. On a ajouté du feldspath porphyrisé à une solution de sulfate de soude, et le mélange a été maintenu sous pression dans des tubes scellés, à la température de 135 degrés pendant soixante-douze heures. Au bout de ce temps, la liqueur ne contenait pas de potasse.

Soit une différence de 1ᵍ,787 pour le poids du litre. Le volume de l'eau à 20 degrés devient donc :

$$\frac{1\,000^{cc}}{998^{g},213} = \frac{x^{cc}}{1000^{g}}. \quad x^{cc} = 1001^{cc},79.$$

Pour une solution à 30 pour 100 de sucre, ayant une densité de 1 114 à 4 degrés, on aurait les résultats suivants :

1 000ᶜᶜ pesant 1 114 grammes à 4 degrés, occuperont à la température de 20 degrés un volume de 1 001ᶜᶜ,79, d'après ce que nous avons dit plus haut ; mais si 1001ᶜᶜ,79 pèsent 1 114 grammes,

1 000ᶜᶜ à 20 degrés pèseront x ; $x = 1\,112$ grammes.

Soit une différence de 2 grammes, au lieu de 1ᵍ,787.

Le tableau suivant indique les corrections correspondant aux températures de 4 à 30 degrés, pour les solutions dont la densité varie de 1000 à 1400.

Tableau n° 1, représentant les différences entre le poids du litre.

Température.	1000 à 1400.	1100 à 1200.	1200 à 1300.	1300 à 1400.
4°.	»	»	»	»
5°.	0ᶠ.02	0ᶠ.02	0ᶠ.03	0ᶠ.03
6°.	0 .03	0 .03	0 .04	0 .05
7°.	0 .04	0 .04	0 .0⁷	0 .07
8°.	0 .05	0 .05	0 .07	0 .09
9°.	0 .06	0 .07	0 .09	0 .11
10°.	0 .07	0 .08	0 .11	0 .13
11°.	0 .08	0 .10	0 .13	0 .15
12°.	0 .10	0 .12	0 .15	0 .17
13°.	0 .12	0 .14	0 .17	0 .19
14°.	0 .14	0 .16	0 .19	0 .21
15°.	0 .16	0 .18	0 .21	0 .23
16°.	0 .18	0 .20	0 .22	0 .25
17°.	0 .19	0 .21	0 .23	0 .26
18°.	0 .20	0 .22	0 .24	0 .27
19°.	0 .21	0 .23	0 .25	0 .28
20°.	0 .22	0 .23	0 .26	0 .29
21°.	0 .23	0 .25	0 .27	0 .30
22°.	0 .24	0 .27	0 .28	0 .32
23°.	0 .25	0 .28	0 .29	0 .33
24°.	0 .26	0 .29	0 .30	0 .34
25°.	0 .27	0 .30	0 .32	0 .35
26°.	0 .28	0 .31	0. 33	0 .37
27°.	0 .29	0 .32	0 .35	0 .39
28°.	0 .30	0 .33	0 .37	0 .41
29°.	0 .31	0 .34	0 .39	0 .43
30°.	0 .33	0 .36	0 .40	0 .45

En rapportant les densités à la température de 4 degrés (maximum de densité de l'eau, qui représente le seul point de départ logique qu'on puisse admettre pour la détermination des densités), et pour abréger les opérations, nous avons calculé l'influence *moyenne* qui correspond à une élévation de température de 1 degré entre 4 et 30 degrés.

Exemple : soit un jus ayant pour densité 1050 à 15 degrés, quelle sera sa densité à 4 degrés ?

D'après le tableau précédent on devrait ajouter la somme des différences comprises entre 4 degrés et 15 degrés, soit 0ᵍ,87.

Or 15° — 4 = 11 degrés, et le produit de 11 par la moyenne à 15 degrés, soit 0ᵍ,8 (tableau n° 2), fournit directement le même résultat.

D'où densité : 1 050,88.

Tableau n° 2. — Influence moyenne correspondant à une élévation de température de 1 degré entre 4 degrés et 30 degrés pour une densité comprise entre 1 000 et 1 400.

Température.	1 000 à 1 100.	1 100 à 1 200.	1 200 à 1 300.	1 300 à 1 400.
4 à 5. . .	0ᵍ.02	0ᵍ.02	0ᵍ.03	0ᵍ.03
4 à 6. . .	0 .025	0 .025	0 .35	0 .04
4 à 7. . .	0 .03	0 .035	0 .04	0 .05
4 à 8. . .	0 .035	0 .035	0 .05	0 .06
4 à 9. . .	0 .04	0 .04	0 .06	0 .07
4 à 10. . .	0 .05	0 .05	0 .07	0 .08
4 à 11. . .	0 .05	0 .06	0 .08	0 .09
4 à 12. . .	0 .06	0 .07	0 .08	0 .10
4 à 13. . .	0 .06	0 .07	0 .09	0 .11
4 à 14. . .	0 .07	0 .08	0 .10	0 .12
4 à 15. . .	0 .08	0 .09	0 .11	0 .13
4 à 16. . .	0 .09	0 .10	0 .12	0 .14
4 à 17. . .	0 .10	0 .11	0 .13	0 .15
4 à 18. . .	0 .10	0 .12	0 .14	0 .16
4 à 19. . .	0 .11	0 .12	0 .14	0 .16
4 à 20. . .	0 .12	0 .13	0 .15	0 .17
4 à 21. . .	0 .12	0 .14	0 .15	0 .18
4 à 22. . .	0 .13	0 .14	0 .16	0 .18
4 à 23. . .	0 .14	0 .15	0 .17	0 .19
4 à 24. . .	0 .14	0 .16	0 .18	0 .20
4 à 25. . .	0 .15	0 .17	0 .19	0 .21
4 à 26. . .	0 .15	0 .17	0 .19	0 .21
4 à 27. . .	0 .16	0 .18	0 .20	0 .22
4 à 28. . .	0 .16	0 .18	0 .20	0 .23
4 à 29. . .	0 .17	0 .19	0 .21	0 .24
4 à 30. . .	0 .18	0 .20	0 .22	0 .25

Tableau n° 3. — Influence moyenne de 1 degré de température sur la densité.

Entre les températures de	Densités.			
	1000 à 1100.	1100 à 1200.	1200 à 1300.	1300 à 1400.
4 à 10°. . .	0g.05	0g.055	0g.06	0g.065
10 à 15°. . .	0 .14	0 .16	0 .18	0 .20
15 à 20°. . .	0 .20 (1)	0 .22	0 .23	0 .25
20 à 25°. . .	0 .25	0 .27	0 .29	0 .32
25 à 30°. . .	0 .30	0 .35	0 .36	0 .40

Tableau n° 4. — Influence moyenne de 1 degré de température sur la densité, entre 4 et 100 degrés.

Densités de 1 000 à 1 075	0g.45
— 1 076 à 1 150	0 .50
— 1 151 à 1 250	0 .55
— 1 251 à 1 350	0 .60
— 1 351 à 1 450	0 .65

2° *Correction de la richesse saccharine suivant la température.* — Pour des solutions dont la densité varie de 1000 à 1100 à la température de 15 degrés environ, la richesse saccharine diminue de 0g,05 pour 100 de sucre, c'est-à-dire que si la solution titrée au saccharimètre donne 12 pour 100 de sucre, à 4 degrés on aurait obtenu 12g,05.

On peut négliger dans tous les cas les corrections correspondant aux températures inférieures.

Tableau n° 5. — Influence de la température sur la richesse saccharine des liquides sucrés.

Température.	Solutions de			
	1000 à 1100 sucre pour 100cc à ajouter à la richesse saccharine.	1100 à 1200 sucre pour 100cc à ajouter à la richesse saccharine.	1200 à 1300 sucre pour 100cc à ajouter à la richesse saccharine.	1300 à 1400 sucre pour 100cc à ajouter à la richesse saccharine.
15°. . . .	0g.05	0g.10	0g.15	0g.20
20°. . . .	0 .06	0 .12	0 .18	0 .25
25°. . . .	0 .08	0 .15	0 .22	0 .30
30°. . . .	0 .10	0 .20	0 .30	0 .40

Exemple : soit un jus contenant 18 pour 100 de sucre, à la température de 25 degrés (densité environ 1 068). La densité étant de 1000 à 1100, d'après le tableau on ajoutera 0g,08, soit 18g,08 pour 100 de sucre à 4 degrés.

(1) M. Vilmorin avait indiqué pour 1 degré de température, aux environs de 15 degrés, la correction 0g,25.

Densité des solutions sucrées (a).

Densimètre.	Sucre p. 100cc d'après Balling.	Sucre p. 100cc d'après Pellet.	Sucre p. 100cc d'après Dubrunfaut.	Densimètre.	Sucre p. 100cc d'après Balling.	Sucre p. 100cc d'après Pellet.	Sucre p. 100cc d'après Dubrunfaut.
	(1)	(2)	(3)		(1)	(2)	(3)
1001	0.27	0.26	0.25	1037	9.24	9.5	10.2
1002	0.53	0.52	0.50	1038	9.48	9.7	10.5
1003	0.78	0.78	0.73	1039	9.72	10.0	10.8
1004	1.04	1.04	1.0	1040	9.96	10.3	11.1
1005	1.3	1.3	1.2	1041	10.20	10.6	11.4
1006	1.5	1.5	1.6	1042	10.44	10.9	11.6
1007	1.78	1.8	1.8	1043	10.68	11.2	11.8
1008	2.04	2.0	2.0	1044	10.92	11.5	12.1
1009	2.30	2.3	2.3	1045	11.14	11.8	12.4
1010	2.55	2.6	2.5	1046	11.38	12.2	12.7
1011	2.80	2.8	2.8	1047	11.62	12.5	13.0
1012	3.07	3.1	3.0	1048	11.86	12.7	13.3
1013	3.34	3.4	3.3	1049	12.10	12.9	13.6
1014	3.58	3.6	3.7	1050	12.34	13.2	13.9
1015	3.81	3.9	3.9	1051	12.50	13.5	14.0
1016	4.05	4.2	4.2	1052	12.85	13.8	14.3
1017	4.30	4.4	4.4	1053	13.06	14.0	14.6
1018	4.55	4.7	4.7	1054	13.28	14.3	14.8
1019	4.80	4.9	5.0	1055	13.50	14.5	15.0
1020	5.05	5.2	5.3	1056	13.72	14.8	15.3
1021	5.31	5.5	5.6	1057	13.94	15.1	15.6
1022	5.56	5.7	5.9	1058	14.16	15.4	15.8
1023	5.81	5.9	6.2	1059	14.38	15.7	16.0
1024	6.06	6.2	6.4	1060	14.60	16.0	16.3
1025	6.31	6.3	6.7	1061	14.84	16.3	16.6
1026	6.56	6.5	6.9	1062	15.18	16.6	16.8
1027	6.81	6.8	7.2	1063	15.32	16.9	17.0
1028	7.03	7.1	7.6	1064	15.56	17.1	17.3
1029	7.29	7.3	7.8	1065	15.80	17.3	17.7
1030	7.53	7.6	8.0	1066	16.04	17.5	17.9
1031	7.78	7.9	8.3	1067	16.28	17.8	18.1
1032	8.03	8.2	8.6	1068	16.51	18.0	18.4
1033	8.27	8.5	8.9	1069	16.73	18.3	18.7
1034	8.52	8.7	9.3	1070	16.96	18.6	19.0
1035	8.76	9.0	9.6	1071	17.18	18.9	19.2
1036	9.0	9.3	9.9	1072	17.41	19.2	19.5

(a) Voir le *Journal des fabricants de sucre*, n° 21, 1er septembre 1875.
(1) Cette table a été faite pour une température de 17°,5.
(2)   —   —   de 4°, l'eau pesant 1 000°.
(3)   —   —   de 0°.

Densimètre.	Sucre p. 100cc d'après Balling.	Sucre p. 100cc d'après Pellet.	Sucre p. 100cc d'après Dubrunfaut.	Densimètre.	Sucre p. 100cc d'après Balling.	Sucre p. 100cc d'après Pellet.	Sucre p. 100cc d'après Dubrunfaut
1073	17.65	19.5	19.8	1088	21.06	23.3	23.9
1074	17.85	19.7	20.0	1089	21.29	23.5	24.2
1075	18.08	19.9	20.3	1090	21.51	23.7	24.5
1076	18.31	20.2	20.6	1091	21.73	24.0	24.7
1077	18.53	20.5	20.9	1092	21.95	24.3	25.0
1078	18.76	20.8	21.2	1093	22.17	24.5	25.3
1079	19.00	21.0	21.5	1094	22.39	24.8	25.6
1080	19.25	21.3	21.7	1095	22.61	25.1	25.8
1081	19.47	21.5	22.0	1096	22.83	25.4	26.1
1082	19.70	21.7	22.3	1097	23.05	25.7	26.4
1083	19.93	22.0	22.6	1098	23.27	25.9	26.7
1084	20.15	22.3	22.9	1099	23.49	26.2	27.0
1085	20.38	22.5	23.2	1100	23.70	26.5	27.3
1086	20.61	22.7	23.5	1200	44.00	52.5	54.5
1087	20.83	23.0	23.7	1300	61.08	78.5	82.0

*Analyses de betteraves porte-graines à diverses époques
de la végétation* (voir tableau page suivante).

Des betteraves porte-graines, analysées le 11 septembre en pleine
récolte de graines, contenaient encore 2,33 de sucre pour 100 centimètres cubes de jus (densité, 1031) et 0,12 pour 100 de glucose.

Walkhoff indique (p. 134, t. I, édit. 1874) dans les betteraves
porte-graines 1 pour 100 de sucre au 20 juin.

M. Boussingault dit que la betterave, le trèfle et le navet, contiennent moins d'azote après avoir rendu leurs graines (t. I, p. 138,
Econ. rur.).

D'après nos essais les betteraves porte-graines contenaient :

En mars : azote.	0.37	pour 100 de matière normale.	
Avril : azote.	0.225	—	—
Juin à août (moyenne) : azote. . . .	0.156	—	—
11 septembre.	0.123	—	—

Les analyses précédentes ont porté en moyenne sur 10 plants ;
distance : $0^m,40$ sur la ligne et $0^m,60$ entre les lignes.

D'après le tableau : 1° dans les cendres des feuilles, la potasse et
la soude subissent une légère augmentation ; 2° la proportion de la
chaux et de la magnésie s'élève très-sensiblement ainsi que celle de
l'acide phosphorique et du chlore ; 3° la silice diminue ; 4° la com-

position des cendres des racines varie peu, après deux mois de plantation ; 5° à partir du mois de juin jusqu'au mois d'août, le sucre, le glucose et la matière sèche restent sensiblement constants.

Et en résumé, 1 hectare de terrain cultivé en porte-graines (environ 45 000 plants) demande autant d'alcalis solubles (potasse et soude) et plus d'alcalis insolubles (chaux et magnésie), que la production de 5 000 kilogrammes de sucre à l'hectare (production moyenne).

D'un autre côté, les betteraves porte-graines (seconde année) enlèvent au sol moins d'acide phosphorique et plus de silice que pendant leur première année de végétation.

Analyses de betteraves porte-graines à diverses époques de la végétation (2ᵉ année), provenant des cultures de M. Simon-Legrand (Nord).

ANALYSES — composition centésimale

DÉSIGNATION	Betteraves mères plantées en avril analysées le 11 mai 1875	11 JUIN Racines	11 JUIN Feuilles	17 JUILLET Racines	17 JUILLET Feuilles	FIN AOÛT Racines	FIN AOÛT Feuilles
Eau	82.020	87.50	85.00	87.0	82.25	87.00	78.4
Sucre	12.250	5.50	»	5.03	»	6.00	»
Glucose	Traces	0.47	»	0.40	»	0.40	»
Cendres	0.715	1.16	3.45	1.49	2.50	1.09	2.87
Matières organiques	4.115	5.37	»	6.08	»	4.01	»
Total	100.000	100.00	100.00	100.00	»	100.00	100.00
	gr.	gr.	gr.	gr.	gr.	gr.	gr.
Azote pr 100 de matière normale	0.225	0.157	0.405	0.160	0.46	0.184	0.436
Azote pour 100 de matière sèche	1.32	1.1	3.1	1.3	2.65	1.20	2.02
Cendres pour 100 de matière sèche	4.18	9.3	2.3	11.5	14.7	13.2	13.3
Poids d'une racine	236.00	218.0	»	87.00	»	236.00	»
Poids des feuilles et graines correspondant à une racine	»	»	215.00	»	476.00	»	670.00

SOIT POUR UNE RÉCOLTE DE 50 000 PIEDS DE PORTE-GRAINES / COMPARAISON / SUBSTANCES CONTENUES PAR HECTARE

Désignation	Racines	Feuilles	Total	50 000 pieds de betteraves plantées, contenaient	D'où substance nécessaire à la formation de la graine correspondant à 50000 pieds	Comparaison — 1ʳᵉ année (pour 1000 kil. de racines et feuilles à 15 p.100 de sucre)	Comparaison — 2ᵉ année (pour 1000 kil. de racines et graines)	Par hectare — 45000 pieds de betteraves porte-graines	Par hectare — 75000 kilog. de racines et feuilles environ 50000 kilog. de racines à 15 p.100 de sucre	Par hectare — 65000 kilog. de racines et feuilles environ 50000 kilog. de racines à 10 p.100
	kil.	kil.	kil.	kil.	kil.	kil.	kil.	kil.	kil.	
Azote total	19.7	140.0	155.7	26.6	130.1	3.03	3.43	148.3	295.0	»
Cendres totales	202.5	962.0	1164.7	84.3	1082.2	»	»	»	»	»
Matière sèche totale	1534.0	7236.0	8770.0	2015.0	6755.0	207.7	193.3	7803.0	15580.0	»
Poids total de la matière normale	11800.0	33500.0	45300.0	11.800.0	33500.0	»	»	»	»	»
Cendres totales (sans Co²)	177.6	764.8	942.4	»	»	»	»	»	»	»

COMPOSITION DES CENDRES (sans Co²)

	Composition des cendres (sans Co²) betteraves	11 JUIN Racines	11 JUIN Feuilles	17 JUILLET Racines	17 JUILLET Feuilles	FIN AOÛT Racines	FIN AOÛT Feuilles
Potasse	34.1	41.2	17.0	»	»	35.2	22.0
Soude	14.1	18.7	10.8	»	»	20.9	11.0
Chaux	6.0	6.8	4.8	»	»	5.7	11.9
Magnésie	7.7	7.7	12.2	»	»	6.3	17.1
Acide phosphorique	14.0	3.2	3.3	»	»	3.3	4.9
Acide sulfurique	3.5	1.7	2.4	»	»	1.5	0.0
Chlore	2.6	6.5	4.2	»	»	5.7	7.9
Insolubles	20.2	15.0	46.2	»	»	18.5	14.7
Al²O³,Fe²O³	1.4			»	»	4.1	8.2
Total des éléments minéraux	100.6	101.4	100.9	»	»	101.2	101.7
A déduire oxygène pour le chlore	0.6	1.4	0.9	»	»	1.2	1.7
	100.0	100.0	100.0	»	»	100.0	100.0

COMPOSITION DES CENDRES — quantités (kil.)

	Racines	Feuilles	Total	50000 pieds	D'où	1ʳᵉ année	2ᵉ année	45000 pieds	75000 kilog	65000 kilog
	kil.	kil.	kil.	kil.	kil.	kil.	kil.	kil.	kil.	kil.
Potasse	62.5	168.2	230.7	25.5	205.2	5.32	5.23	207.0 } 316.7	399.00 } 515.25	266.0 } 343.5
Soude	37.1	84.1	121.2	11.9	109.3	1.55	2.87	109.1	116.25	77.5
Chaux	10.1	91.1	101.2	4.9	96.3	1.55	2.42	91.1 } 218.9	116.25 } 211.50	77.5 } 144.0
Magnésie	11.2	130.8	142.0	6.2	135.8	1.27	3.39	127.8	95.25	63.5
Acide phosphorique	5.9	37.5	43.4	11.9	31.5	1.54	1.04	39.0	115.50	77.0
Acide sulfurique	2.7	45.8	48.5	3.0	45.5	1.20	1.17	43.6	54.75	38.5
Chlore	10.1	60.4	70.5	2.0	68.5	0.73	1.08	63.5	26.25	17.5
Insolubles	32.8	112.4	145.2	16.5	124.7	0.35	3.33	130.7	90.00	00.0
Al²O³,Fe²O³	7.3	47.5	54.8	11.2	45.0	0.54	1.29	49.3	40.50	27.0
Total des éléments minéraux	179.7	777.8	957.5	83.1	874.4	14.05	22.42	861.7	1033.75	702.3
A déduire oxygène pour le chlore	2.1	3.0	15.1	0.5	14.0					
	177.6	764.8	942.4	82.0	859.8					

[illegible]

Tableau récapitulatif (gr.)

Poids de la racine	230	218	287	236	Azote total	»	1 207	2.647	3.508
Poids des feuilles et graines corresp. à une racine	»	215	476	670	Cendres d'une racine	1 687	2.528	4.276	3.988
Azote d'une racine	0.531	0.298	0.485	0.587	Cendres des feuilles et graines d'une racine	»	7.451	13.328	19.220
Azote des feuilles et graines d'une racine	»	0.969	2.102	2.921	Cendres totales	»	9 979	16.004	23.217

TABLE DES MATIÈRES

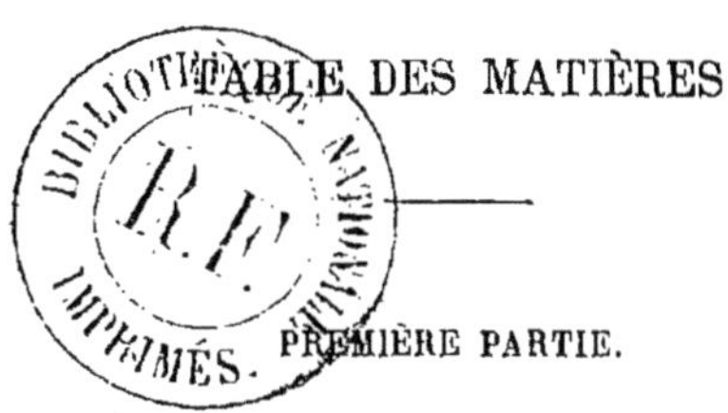

PREMIÈRE PARTIE.

DEUXIÈME PARTIE.

TROISIÈME PARTIE.

CULTURE DE LA BETTERAVE.

NOTES ADDITIONNELLES.

— 127 —

Paris. — Typographie A. Hennuyer, rue d'Arcet, 7.

9 782019 946180